中国乡村建设系列丛书

把农村建设得更像农村

小堤村

郑宇昌　唐冰心　著

江苏凤凰科学技术出版社

序

　　小堤村项目源于时任河北省邯郸县[1]县委副书记冯晓梅的主动邀请。小堤村是河北省村庄的改良典范，其资源严重不足，规划设计难度高，邯郸县委县政府对此十分苦恼。最终，北京市延庆区绿十字生态文化传播中心（以下简称"绿十字"）接下了这一任务。

　　刚开始，我们觉得特别棘手。小堤村已基本失去村庄原有的风貌和格局，几乎没有乡村气息。当时，我和"绿十字"主任孙晓阳商讨，这个项目虽然棘手，但它在中国现代乡村建设中却具有普遍性和代表性。如果改造成功，就能为今后的乡村建设奠定基础、明确方向。经过深思熟虑，我们决定接下这个项目。

　　这个项目由谁来做，成为困扰我们的又一难题。

　　第一，村庄若要大改，政府资金可能不足；若小改，设计规划没有效果。第二，若改建，需要拆除村庄的围墙，说服工作难度很大，群众工作不好做。在这种情况下，选择合适的设计师与设计团队非常重要。

　　在众多的设计团队中，我们认为农道天下（北京）城乡规划设计有限公司（以下简称"农道天下"）郑宇昌的设计团队最合适。郑宇昌是艺术家出身，具有"立体思维"，可以从多角度寻找突破口，善于将感性思考融入项目设计，再运用理性思维来判断对错。而且他与政府部门沟通经验丰富。这些能力都是小堤村项目规划设计顺利进行所必需的。

　　确定好设计团队，我们便思考如何把"绿十字"的软件与项目设计相结合。乡村建设包含硬件、软件和运营三部分，其中运营与软件至关重要。而对此，政府有些质疑，规划设计单位也不重视。然而，没有这两部分，乡村建设便毫无希望。由于冯书记和时任邯郸县潘县长对该项目的大力支持，我们首次决定将运营、软件和硬件有机结合，提出"三位一体"的做法。

　　项目设计中，我们把运营前移，由软件代替硬件。首先，孙晓阳将资源分

---

1 2016年9月，邯郸市行政区划调整：撤销邯郸县划入邯山区。

类启动；然后，软件团队中"好农妇培训"的负责人邹莉莎把集体租赁的院子以最快的速度改建成示范点。之后，着手村民培训，将一批青年妇女送到绵阳"花间小路"（"绿十字"好农妇培训基地）和嵩山"禅心居"（"绿十字"中国女红培训基地），并且派电商培训老师入村，手把手指导村民，力求内化动力、寻找突破口。经过几个月的磨合，终于在资源分类、试点示范和培训方面取得了进展。与最初相比，村民了解到项目的意义和价值，看到了希望，项目推进"形势一片大好"。

"2016 年 CCTV 寻找中国美丽乡村"评选活动成为小堤村项目的重要机遇。小堤村参与评选，又在邯郸市进行美丽乡村的评选和颁奖，该项目获"2016 年中国十大最美乡村"第一名。郑宇昌及其团队成员用"熬"与包容的精神，经过一年左右的艰苦奋战，项目建设最终取得了令人满意的成果，克服了乡村建设中一个又一个难关。

小堤村项目第一次实现了硬件、软件和运营"三位一体"的有机结合，并在此基础上增加微商（电商）培训、土壤改良等新内容。该项目对"绿十字"和"农道天下"来说是一次重要的探索，也开启了"绿十字"从硬件转向软件的大门。因此，该项目作为一个典型案例，虽然并非完美，但取得的经验为未来乡村的规划建设提供了重要参考和借鉴。

孙君："绿十字"发起人、总顾问，画家，中国乡村建设领军人物，坚持"把农村建设得更像农村"的理念。其乡村建设代表项目包括河南省信阳市郝堂村、湖北省广水市桃源村、四川省雅安市戴维村、湖南省怀化市高椅村等。

目 录

1 激活乡村

1.1 初识乡村

项目名称：邯郸市邯山区小堤村美丽乡村建设项目

项目性质：改造提升

规划面积：约 72.5 公顷[1]

项目位置：河北省邯郸市邯山区小堤村

居住人口：794 人

项目时间：2015 年 11 月至 2017 年 11 月

总体定位：乡村教育、乡村旅游、环境提升

1.1.1 地理位置

河沙镇镇位于河北省邯郸市东南方向，属于邯山区冀南名镇文化片区。这里的美丽乡村建设主要将南街村、马堡村、小堤村作为一个整体片区。南街村为龙头，小堤村为引爆点，马堡村为爆发点。

---

1 此项目为邯郸市河沙镇镇一体式规划，包括小堤村、南街村及马堡村。

小堤村田园景观

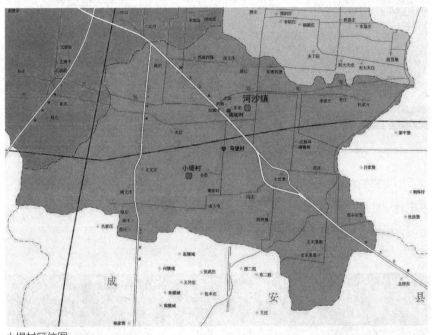

小堤村区位图

　　邯山区河沙镇镇小堤村，坐落于河北省邯郸市区东南 10 千米处。村中共有 194 户，794 口人，耕地面积达 50 多公顷。

　　《邯郸县志》记载，明永乐年间，有王氏兄弟从山西洪洞县大槐树下迁徙至此，看到成片枣林，便依漳河故道的河堤而居。因村庄小，故取名"小堤村"。王姓是村内第一大姓，赵姓次之，两姓合计约占全村总人口的 95%。

村庄位于漳河故道腹地平原上，四周均有村庄似卫星状围绕小堤村，却没有直通小堤村的道路，交通极为不便。小堤村如此偏僻，四周的古枣林无工业项目占地之虞，基本得以保存。村内建筑聚落完整，保留着自20世纪初至今各个阶段的民居，堪称冀南平原的"遗珍"。明初至今600多年来，小堤人择林栖居，晴耕雨读，日出而作，日落而息，演绎了一出出平原农耕村落的生活故事。

小堤村鸟瞰

小堤村地势西高东低，中间高、四周低，几百年来未曾受到洪水的侵袭。古枣林"驻守"在南、北、西三面，好像一个个"守护神"，默默地守护着小堤人，确保这里年年风调雨顺。

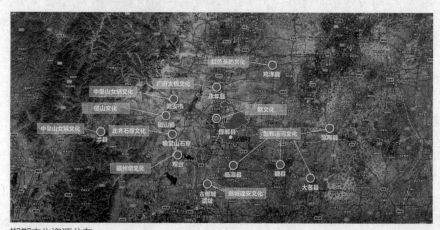

邯郸文化资源分布

1.1.2 文化底蕴

邯郸地名的由来，多以《汉书·地理志》中三国时魏国人张晏的注释为源："邯郸山，在东城下，单，尽也，城廓从邑，故加邑云。"意思是，邯郸的地名源于邯郸山，在邯郸的东边，有一座山，名叫"邯山"，单，是山脉的尽头，邯山至此而尽，因此得名"邯单"，因为城廓从邑，故单旁加邑（阝）而成为"邯郸"。"邯郸"二字作为地名，三千年沿用不改，是中国地名文化的一个特例。

铸造、古枣种植和以枣为辅料的面食制作是邯郸市小堤村世世代代延续下来的特色文化。

小堤村历史悠久。早在两千多年前，邯郸作为赵国国都，是全国冶铁业的中心，而小堤村则是邯郸铸造业的发源地。工匠们拥有高超的铸铁工艺技术，使这里成为铸造技师拜师学艺的基地。小堤村凡40岁以上的村民大都有一手铸造技艺，或翻砂、或铸模、或打铁。截至目前，年代最久远且仅存的小堤铸造实物，是保存在永年区洺山、铸于1863年的"大将军"铁炮，炮身铸有铭文："邯郸县河沙堡大将军重八百余斤，用药一石二斗，子八十斤。同治二年七月河沙堡公置。"

小堤村的铸造业与中国革命进程几乎步调一致。抗日战争和解放战争时期，

小堤村铸造厂

古枣林景观

小堤村民曾为八路军、解放军秘密铸造炸弹、手榴弹的外壳、红缨枪的枪头、大砍刀等，原铸造厂旧址至今仍保留在村内。

小堤村南、村北、村西保留着三片古枣林，连同村民院中的枣树，共保留566棵。其中，保护等级为一级（500岁以上）的古树有313棵，保护等级为二级（300至499岁）的古村有22棵，保护等级为三级（100至299岁）的古树有37棵，这是华北平原仅存的面积最大的古枣林之一。枝繁叶茂的古树至今依然能产枣，因此，这里被人们称作"古枣园"。

古枣林所结红枣独具特色。冀南平原的气候四季分明，光热资源充沛，地下水资源富含矿物元素，漳河故道拥有非常适合红枣生长的无污染碱性沙化土壤，得益于此，小堤村所产红枣与众不同：鲜枣个小，丝毫不起眼，但经传统的晾晒之后，具有果形大、颗粒饱满、果肉厚实、皮薄核小的特点，咬一口，甜醇爽口，而且枣肉营养丰富，堪称"枣中极品"。经检测，可溶糖、维生素、淀粉等含量远高于本地其他品种的枣。

此外,小堤村还有另外一位"植物明星"——古杜梨树,其树龄达千年。杜梨,学名"棠梨",蔷薇科,梨属落叶乔木。杜梨树,从树干算起(树下部埋在坑底),两人合抱,斑驳粗壮的树干、褐色干裂的纹路无声无息地书写着苍劲的年轮,昂然屹立在小堤村和池塘西边的中心大街上。

杜梨园古杜梨树

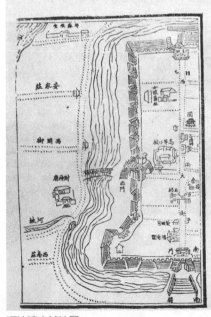
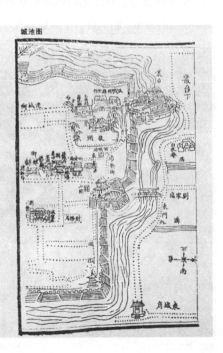

河沙镇古城池图

南街村建村至今已有 600 多年的历史，历史上曾筑建明、清两代城墙，用于镇守城池。村内的继志书院建于清同治二年（1863 年），距今已有一百多年，是邯郸三大书院之一。继志书院开办益学，教授贫困农家子弟，为河沙镇镇及周边村庄的文化普及做出了贡献，培养了很多文人。

1.1.3　民俗风情

小堤村虽小，但几百年来冀南传统风俗在这里得以传承。村里每年的庙会在农历九月十九举办，庙会前两天，四乡八邻的人们陆续到小堤村走亲访友，客人满带祝福和礼物探望主人，主人则在家盛情款待。各色商品琳琅满目，摆满村内街巷的摊位，商贩们期待赚得盆满钵满。

一方水土一方美食。小堤村的面食充分展示了冀南老百姓的勤劳、智慧和精湛的手艺。枣花糕是用白面蒸的嵌有红枣的花式馒头，一般在过年时才蒸制。放枣不仅为了好看，更是借枣的甜味寓意甜甜蜜蜜、红红火火。因为枣花糕做出的形状像一朵花，所以又叫"花糕"。这是冀南大地人民世世代代延续下来的特色民俗。人们用面粉精心地打造各式"花糕"，不仅作为过年时的馈赠礼品，而且承载着民间风俗及祭祀祈福等特殊含义。另一种具有代表性的美食是八大碗。八大碗又叫"合碗"，是冀南地区盛行的传统饮食文化习俗的代表，广泛被用于婚嫁喜事、乔迁之喜、寿宴等活动。八大碗蒸菜有蒸条子肉、蒸鸡块、蒸带鱼、蒸海带、粉蒸酥骨、蒸豆腐丸子、蒸八大块、蒸皮渣（荤素可调配）等。

传统枣花糕

1.2 总体定位

枣是小堤村的特产，古枣树有近千年的历史，承载着中国农耕文明的记忆；小堤村所在的邯郸市，是成语典故产生最多的地方之一。成语是中国国学的重要组成部分，是中华文化的历史符号。同时，早在两千多年前，小堤村就成为全国冶铁业中心、邯郸铸造业发源地。近代这里更是保存着为八路军、解放军秘密铸造武器的铸造厂旧址。为此，小堤村项目基于村庄的自然特色、地域特色、历史文脉和文化风情，在保留古村落传统记忆的同时，融入现代生活气息与当代生活方式，按照"特色产业 + 幸福运营（红色记忆 + 国学精粹）"的思路，走出一条新型古村落保护与发展之路：生产、生活、生态，"三生融合"；自然、人与社会（城乡），"共生、共荣、共享"。

1.2.1 村民意愿

我第一次结队到小堤村是参加 2015 年 10 月 31 日上午的小堤村庙会。穿过街道上熙熙攘攘的人群，我和同事受邀来到村支书王清田的家。村民们热情的脸庞和朴素的话语令不善酒令的我颇为激动。在交谈中，我大致了解到，村民们对美丽乡村建设和民居改造意愿主要有以下几种类型：

一是主动参与型。主要人员包括以村支书王清田为首的村干部和以王瑞周、王青龙为代表的村民。他们急切地想要改变日趋凋敝的村庄面貌，渴望村庄走上良性发展的道路，各家发家致富。王瑞周说："美丽乡村建设好比一股外来的风，借好风，咱村就能发展。大家只要心齐，政府让咱怎么做，咱就怎么做，村庄建好了，最起码孩子们结婚的彩礼钱就能降下来！"

二是旁边观望型。当今社会，物质崇拜风行，许多人只重视眼前利益，干活时观看，有利时再行动。大家不知道党委、政府会下多大的决心来推进小堤村的美丽乡村建设，也不知道几年后小堤村会变成什么样子，更不知道美丽乡村会给自己家带来什么变化。因此，规划团队在村里入户调查时，村民们多平静对待，并未表现出多大的热情，也较少议论。设计师询问时，许多人嘻嘻哈哈，顾左右而言他。可以说，小堤村项目刚开始时，在部分村民心中并没有掀起多大的波澜，人们都在静待建设结果。

三是消极应付型。不难理解，新生事物总会遭到抵触，平静的生活要改变总有人不习惯。在小堤村的美丽乡村动员会上，人们听到民居改造需要拆墙透绿且成本不菲时，忧虑、疑惑一起涌来。在小堤村平汉广场对面，几家门口圪台上，人们饭后聚在一起，你一言我一语地议论起来：

"矮墙、竹篱笆能有用吗？家里还不得让外人看个透？"

"我看，改造实行不下去，不接地气，北方都是高院墙，我看将来一户报名改造的都没有！"

"改一户听说要不少钱呢，谁知道改了后会怎么样，反正我们家不改造。"

2016年春节前夕，随着全村公共建筑改造的推进，民居改造亟需打开缺口。农历腊月二十六上午，在村委会会议室召开座谈会，邯山区农工委副书记受邀重点介绍信阳郝堂村民居改造情况。大家听后沉默不语，应该是既有对改造后的憧憬，又有对改造资金的担心，而更多的是希望有一个带头人做表率，看到示范效果后再定夺。王金贵老人的儿子说："只要能让俺村做起旅游来，放心吧，大家不用说就都改造了！先做一户看看，村民们都等着呢！"

在大家共同的期待中，镇党委、政府和村里一起做群众工作，找示范户，终于做通王明春的工作，开始了民居改造的各项工作。

1.2.2　政府意愿

第一，树立"乡村城镇化"的示范。邯山区位于邯郸主城区，地理位置优越，交通便利。为了让广大村民过上城市生活，享受改革带来的更多福利，区委、区政府决定走一条可复制、可借鉴、可推广的美丽乡村建设之路，经过前期调研，将河沙镇片区的小堤村、马堡村、南街村作为先行先试的基地。通过与"绿十字"和"农道天下"的对接、合作，力求践行"把农村建设得更像农村"这一理念，建设一批活力四射、产业健全、生态良好、文化气息浓郁的美丽宜居乡村，为全市乃至全省的美丽乡村建设做示范。具体实施步骤：首先，在农村实施"路（街巷硬化）、气（天然气入户）、水（清洁水和健康直饮水）、厕（厕所改造）、管网工程、电子商务、城乡环卫一体化"七大工程，逐步实现城乡公共服务同质化；其次，大力发展产业；再次，注重文化传承。

第二，实现村民就业致富。"立政之本则存乎农"。城市对人才的"虹吸"现象使得乡村的年轻人早早离开家乡，小堤村的很多年轻人在城市就业。空空荡荡的街道和荒废的房屋，留守老人和孩子，这就是村庄的真实写照。为青少年提供良好的受教育机会，为村民提供职业技能培训，营造良好的生态环境，使广大群众安居乐业，这是邯山区委、区政府"三农"工作的首要任务，也是未来很长一段时间内民生工作的目标。按照乡村振兴战略的要求，区委、区政府将采取一系列措施，促进农民收入显著增长，农村面貌发生巨大转变。

第三，完善各项旅游设施，发展乡村旅游。发展旅游是乡村振兴的有效措施，建设乡村旅游平台是增加村民收入、脱贫致富的必要途径，区委、区政府将利用小堤村古枣林的天然自然资源，结合红色文化和铸造历史，打造以"农耕文化"为主题，以"坊"为载体，以乡村生态休闲旅游市场为导向，集观光、文化、体验、参与等多种形态于一体的生态特色乡村旅游及服务周边的旅游服务配套基地。首先，完善基础设施，一期将完成游客中心、旅游道路、铸造馆改造等工程。同时，围绕"农"字做文章，围绕"农"字出特色，区委、区政府联合"绿十字"等机构，激发小堤村村民的"内生动力"，力求消除荒凉的村庄之景，让村庄变得美丽起来，让年轻人有一技之长，帮他们找到稳定的就业门路。

1.2.3　设计师意愿

（1）各方共同参与乡村建设，了解乡村建设，助力乡村建设。

尽管设计师为整个项目的各个环节服务并提供指导，但乡村建设绝非一个设计机构就能推进并完善的。村民、政府领导、施工队、运营商等都是推动的乡村建设重要因素。

乡村建设并非一个属性单一的项目，它就像一个需要教育、需要陪伴、有梦想的孩子，而设计师能给予的则是一番启蒙，一份短期的陪伴与督导。设计师述说梦想蓝图的美好，而孩子的成长终究需要多方的努力、多位老师的陪伴才能最终成为栋梁之材，同样乡村建设需要大家一起推动才能造就村庄的完美。

设计需要做的，便是找到这些老师，传播理念，统一目标，并为之不懈地努力与奋斗。在各方参与、积极督导的前提下，方案的执行与理念的贯彻才会取得好的结果，同时形成助力。

乡村建设不是单纯地盖房子，让人看了觉得漂亮；也不是仅仅把景观建好，让人看了想拍照；更不仅仅是把街道打扫干净……乡村建设，是让居住在这个村庄里的人，世世代代履行对"美"的契约，我们的家族信仰美，我们的灵魂美，我们的居住环境美，我们的民俗风情美……这便是乡村建设的目的，也是设计师最美好的意愿。

剪纸艺术工坊

（2）让小堤村成为"农道天下"乡村建设项目的品牌项目。

除了乡村建设，"农道天下"也从事景观设计与旅游规划设计，但像乡村建设这种集规划景观、建筑室内、市政运营、生态修复于一体的项目很少见。这是一番相似行业的跨越，更是一种挑战，而并非一个"单群"项目，一项具体的设计工作。它需要设计团队与设计师具备更加综合的能力：沟通能力、统筹能力、调控能力、专业素养以及非常人所能承受的孤独。设计团队旨在通过这个项目展示其对乡村建设全新的理解与诠释。

古枣园庭院一角，运用废旧材料，营造景观

① 硬件建设方面，在建筑、景观、室内各个方面，巧妙运用废弃旧材料。运用旧砖、旧瓦、旧木头、废弃的轮胎、酒瓶子、易拉罐……在废墟中寻找另一种美。

② 为软件建设架设桥梁，让特色民俗酒店扎根于村庄，让失传的女红得以传播发扬，让传统美食从朴实的农家厨房里端出来，推销给社会大众，让更多的人喜欢上这个地方，传颂这个地方的美。

③ 了解乡村建设的全过程，建立一个快速推进乡村建设的机制，形成一套科学、合理的方法论。

太多的乡村被浮躁的城市氛围所浸染，建筑失去原来的美感，土壤遭受化肥污染，蚯蚓不见踪影，空气不再清新，而被雾霾取代。打造一个符合当下生活状态、彰显历史之美且毫无设计痕迹的乡村，是设计团队的构想。乡村建设的变数太大，村民期待建设美丽的村庄，政府期待投入建成后改善百姓生活条件，而设计师更期待项目落地实施。设计团队需要在不同阶段担任不同的角色，挖掘问题的本质，找到对策，得出结论，只有这样，才有可能在一次次的实践中获得成功，肩负使命，不负众望。

古枣园农家乐

（3）挖掘、提升属于小堤村的自我与个性，让其成为平原地区美丽乡村的典范。

　　小堤村是河北省众多平原村里一个不起眼的村落。没有特色产业，约百分之九十的建筑几乎以现代建筑材料重建。四合院的形式，一层的建筑外围，墙与门头高达数米，而围墙与门头把建筑包裹得严严实实、密不透风。院外巷道与大街上垃圾满地，几乎看不到几株大树。只可闻人语狗吠，却不见人与狗。这是设计师对小堤村的第一印象。这不是一个美丽而富有生机的村庄。改造，要下一番狠功夫。

　　找到专属于小堤村的美，让其绽放出夺目的光芒，是设计团队所期待的。

小堤村街巷改造前

小堤村街巷改造后

2 小堤村今与昔

2.1 改造前的小堤村

2015 年 3 月以前的小堤村，与邯郸大多数村庄一样，是漳河故道名不见经传的小村庄。村集体没有收入，村班子是上级党委的"传话筒"，两委干部

改造前小堤村卫星地图

改造前小堤村鸟瞰

处于"平时种种地，有事当当差"的状态。村民农闲时到城市打工，像候鸟一样在城市与乡村之间奔波。年轻人凭借自己的本事，或考学或经商，逐渐在城市里扎下根。城市就像一个巨大的"虹吸管"，村庄里只留下家庭妇女、留守儿童和看家老人，一片片农宅渐渐荒废。

看着以前的照片，最令人感慨的是古杜梨园。一株老态龙钟的古树，守望在满是垃圾杂物的坑边，下半截埋在垃圾堆里，苟延残喘。

小堤村村北是最偏僻的田地，目前的旅游公路建成于2016年10月。古枣林原来无人问津，枣熟后大多无人采摘，任其落在地上腐烂。只因这几年红枣行情看好，古枣林才得以保存，未被砍伐。

自20世纪90年代后期，由于工艺的进步并迫于环保压力，铸造厂纷纷停工，那些昔日火光四溅、叮当作响、给小堤村带来荣耀的铸造机械设备和厂房已经很久"无人问津"。院子里满是荒草，野狗、野鸡、黄鼠狼等不时出没，铸造厂成为村里人的一块"心病"。

铸造厂对面的古枣园人气略微旺一些，本来是村集体之所，早就不交租金的几家小铸造作坊"偏居一隅"，俨然成为一方主人。胡乱搭建的工棚，随处乱堆的工料，呛人的烟气，不免让人心存疑惑，这里就是昔日因铸造而扬名的小堤村？

改造前铸造厂

家园正在荒芜，夜生活除了看电视，其余都难以引起人们的兴趣，村民的精神面貌更令人叹息。忙了一天后，百无聊赖的村民聚在一起喝酒、打麻将、"推拖拉机"，后来又迷上"斗地主"，人们不知道好日子的奔头在哪里。

如今，今昔变化体现在街道上。东西大街叫"致富大街"，以前人们盖房都是想方设法挤占公共空间，最典型的是门台一座连一座，街道越来越窄。人们为了自家出车方便，门台和上下台阶越修越大，随着私家车的增加，街道会车很难。

改造前平汉战役纪念馆

以梁嫂家为例，改造前不远处的平汉战役纪念馆外没有广场，几座旧房子挡住她家的视野，东面菜园里还有人放羊。现在，梁嫂对前来参观的媒体工作人员说："我现在每天见到的游客，比嫁到村里30年来见到的还多。"梁嫂爱人王瑞周对中央电视台前来采访的媒体人员刘晓娟风趣地说："以前我是打牌累得胳膊痛，现在游客来了，忙得胳膊痛！"

2.2 改造后的全貌

孙君老师说："乡建就是熬。"项目构思、设计、落地实施，一路走来，河北省邯郸市河沙镇小堤村——这个普普通通的北方小村，已华丽转型成一个美不胜收的旅游目的地。每逢节假日，这里"万人攒动"。

改造后小堤俯瞰

小堤村油葵基地景象

改造后古杜梨树广场

小堤村街巷整治后

邯郸市小堤村被评为"2016年中国十大最美乡村"第一名后，回想起2016年初项目启动前的种种情景。和所有项目一样，最初大多数人都持怀疑的态度：资金投进去能有效果吗？能有收益吗？老百姓能接受吗？乡村建设项目启动初期，往往是最艰难、压力最大的时刻，也是项目落地实施最关键的阶段。

项目启动遇到的第一个敏感且困难的问题便是资金问题。2015年11月28日，邯郸市委高书记带领相关市委领导来到小堤村种树，借此机会，设计团队介绍了小堤村美丽乡村的初步方案。书记问："大概总体费用是多少？"这是最现实的问题。邯山区委书记回答道："整体村庄管网改造需要500多万，整体苗木种植需要200多万，前期改造十几个启动点的建设资金需要500多万，加起来大概要1200万。"听到此话，市委领导纷纷表示忧虑。"这么大笔的投资如何实现呢？"

"可以分期分批，同时集中力量，将枣文化做到底，希望明年五一有个大变化。"孙君老师的一席话让大家茅塞顿开。他还提到，任何一个村庄的美丽乡村建设都不可完全复制，这个项目是试点，应当树立标杆。

解决资金问题，首先需要得到区级领导的重视，促使领导层对美丽乡村项目提供政策及资金支持。第二个渠道是，各乡镇及区局委办设置了许多专项资金，可以参与资金申请。申请专项资金，流程非常烦琐，同时还要绘制详细的图纸，这便需要一支及时配合、能打硬仗的设计团队。

2015年12月30日，设计团队来到邯郸市河沙镇，进行前期调研考察，整理大概思路。项目的一大核心问题是启动区的营造。设计师必须将大尺度、大规划转化为小尺度，并且实现大规划的"精确切入"。成员们整体走访了村庄，走到村北，看到两个荒芜的院子，废物到处都是，但院子中的几棵大古枣树非常震撼人心。

如果将眼前的老房子改造成小堤村的美食之所，人们在枣树下品尝美食，远望大片的农田，多么惬意！伫立现场，设计师心中有了美好的憧憬，这里能否作为启动区？启动区就是发现美、展现美、聚焦美的场所，将村庄最美、影响力最强的地方展示给大家。小堤村可挖掘的主题文化有很多：赵文化、红色文化、铸造文化、枣文化、民间文化。如何才能彰显小堤村的特色？

杜梨园外墙景观展示小堤美

古枣林道路设计

改造后铸造厂更加彰显小堤村铸造文化特色

来到古枣林，最打动人心的莫过于看得见、吃得着的古枣。这里有 500 多棵百年以上的枣树。如果以古枣作为启动区的聚焦文化特色之物，可带动枣产品的产业发展，盘活村庄经济。以枣为特色，打造"吃枣糕、喝枣饮、尝枣蜜、赏枣花、摘枣果、撼枣树"的乡村文化产业。

古枣丰收，村民晒枣

调研时，确定将"古枣园"作为主要启动点，这里紧临一片现存最完整、品质上乘的枣林。设计过程中，需要将古枣园作为院子的核心区，展示其独特的魅力。

古枣林俯瞰

古枣林的晨曦

启动区的确定需要考虑以下因素：

① 位置优势，具有良好的区位优势，出入口方便进出，入口成为一大亮点。

② 停车优势，需要足够的空间，设置早期停车位及远期停车位。

③ 配备功能，涉及建筑、室外、设施管网等。

建筑：餐饮、住宿、文化展示区、接待中心。

室外：打造具有视觉冲击力且可参与、可体验的活动停留区，内含儿童活动场地、戏台。

设施管网：标志、污水管网、公厕、小型污水处理、灯光亮化、垃圾站。

启动区设计有了眉目，接下来便要尽快落地施工。

美丽乡村建设最重要的是落地实施，而在小堤村的落地实施过程中遇到许多麻烦事，其中之一便是"土地"与"人"的关系。要想解决"土地"问题，需要改造房屋回租以及将土地流转回来。规划中确定一期实施村的北部改造，但突然了解到，北部的房子、土地是集体所有，却已转包，找不到合同。村支书王清田采用"各个击破"的方式，与村民沟通，做思想工作，将5户村民的房屋返租5年，每年给予一定的租金，最终将北部重要启动区返租回来。

在项目推进过程中，设计师就像"村支书的助理"。在美丽乡村项目落地

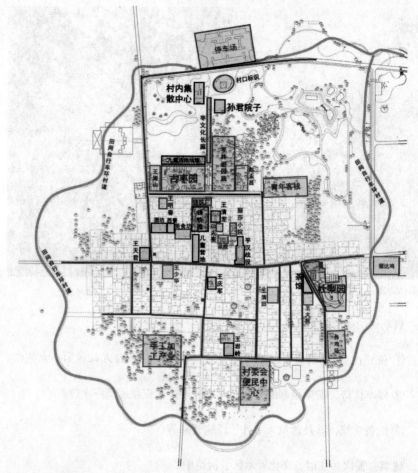

规划设计区位图

过程中，村支书起到非常重要的作用。孙君老师一直强调"村支书的重要性"。村支书王清田是军人出身、县人大代表，憨厚老实，但一见领导就紧张，说不出话来。步镇长这个高大帅气的年轻镇长，以及做工作非常细致的贺副镇长，一直在村里支持王清田。他们看到王清田愁眉不展，便决定让他出去看看、汲取经验。镇里领导安排村支两委及党员出去调研，慢慢地，王清田支书也悄悄地发生变化。他在参观完河南省信阳市郝堂美丽乡村建设后，脸上露出笑容，找回了自信，看到那么偏僻的一个小山村，没什么特殊的文化背景，却靠村里自筹资金，百姓安居乐业，生活富裕。他回来后便开始负责土地流转的繁杂工作，带着整个村支两委，不停地做工作。在此过程中，设计师作为村支书的助手，为其提供技术支持。

施工中的"小插曲"：种树、种花、种草，看不懂图纸怎么办？

春节一过，项目开工。3月最重要的是种树、种花、种草，有了树就有了鸟。

村民们一个个兴致勃勃，来田里种树。个个是种树的能手，但是，看不懂图纸，不会放线，不知道树种在哪里。于是，设计师、村民、村干部一起拿着尺子，用尺子画出形状，村民一起点灰线。大树的点位，设计师在现场用脚点，"种在这里"，村民就在那里画上记号。村民们满怀激情，但不知怎么做，并且对图纸很生疏，因此，需要设计师进行现场指导。

三个村庄各有特色，南街村主街，设计师打算规划一条樱花大道，于是来到一个市属苗圃，这里的苗木管理得非常好。樱花非常打动人心，在村支书的帮忙下，谈妥了价格，种上了樱花。

马堡村也不落后，选择栽种果树，按照放好的线，种上苹果树。村民习惯种树苗，等待它们慢慢长大，而设计师则希望其尽快成形，让游客感受到乡村的舒适，所以建议在重点位置选择稍微长成的大树。

邯郸三园，小堤村种枣树，南街村以花为主，马堡村以果为主，各有主题，各有特色。

马堡村田野游园

小堤村平汉战役纪念馆改造后

南街村街道改造

施工中的"小插曲"：村民不理解，为啥我家盖新房要用破破烂烂的旧砖？

来到河沙镇，小堤村已经种上枣树。村民说，种上植物的感觉就是不一样。南街村也种上樱花，整体街道一下有了生气，力求打造一条最美的乡镇商街。种上树、种上花，村民很开心。

古枣园农家书屋

　　然而，盖房时出现个"小插曲"。在村中颇有学识的冀学武老师很生气："怎么给我砌的都是旧墙，我不喜欢旧的，我要新砖，别再砌了。"

民居改造

这大概就是"围城"吧。外地人喜欢看这里的历史,认为老的才最有价值,才是村庄的特色。因此,设计师努力寻找旧材料,与新材料搭配在一起,以保留原有韵味。然而,一直生活在本村的人,希望房子是崭新的,甚至和城市一样,现代时尚。设计师向冀老师解释:"其实老的才最有价值,也最珍贵。您到欧洲肯定不愿意看新房,看的就是历史,那是特色。您瞧,这个老砖是高价买来的,将来用透明漆一处理,非常漂亮。"冀老师接受了设计师的建议,他说自己以前做装修,退休后喜欢书画,特别看重家中书房的设计。经过一番考察,设计师建议冀老师的书房设计既自然又质朴,正好契合其本人淳朴憨厚的性格。

所有人不脱层皮,美丽乡村做不成;黎明前的黑暗,所有人都拼了

项目中期,工作非常紧张。设计师就墙面绿化、街道灯光思路及艺术性墙面装饰等问题与镇长、副镇长、村支两委进行交流,力求将整体街道打造得生机勃勃,让游客感觉有景色欣赏,愿意停留下来。现场确定每面墙的装饰细节,其他细节也有待落地,大概有10项工程要实施。每个人都很兴奋,连快60岁的老支书都积极讨论,令人颇为感动。

设计团队连夜沟通方案,与施工队商讨所有施工细节,工人们挑灯夜战,日夜赶工。正是得益于大家的积极参与和努力付出,整个项目从设计到施工,不到一年便取得了初步效果。

马堡村庭院墙面藤架打造

3 乡村营造

3.1 设计思路

3.1.1 河沙镇美丽乡村——小堤村

1）项目发展机遇

（1）政策的支持。

党的十八大指出："坚持把国家基础设施建设和社会事业发展重点放在农村，深入推进新农村建设，全面改善农村生产生活条件。着力促进农民增收，保持农民收入持续较快增长。坚持和完善农村基本经营制度，依法维护农民土地承包经营权、宅基地使用权、集体收益分配权，壮大集体经济实力，发展多种形式规模经营，构建集约化、专业化、组织化、社会化相结合的新型农业经营体系。"河北省积极响应号召，颁布《河北省人民政府办公厅关于改善农村人居环境的实施意见》，这一符合河北省发展情况且具有针对性的指导意见，以保障人们基本生活条件、加快农村环境综合整治、推进宜居乡村建设作为重点，使农村建设在道路改造、垃圾及污水处理、养殖禽畜粪污综合处理、农村清洁工程及乡村公共空间的营造、休闲农业、乡村旅游、村庄绿化等方面的工作内容更加明确，为乡村人居环境整治指明了方向。

区委特别重视乡村建设，按照"一线引领、三区联动、多点推进"思路制定总体规划，依托北张庄镇都市田园风光片区、河沙镇镇冀南名镇文化片区、南堡乡桃乡休闲片区，辐射带动周边村庄的美丽乡村建设。充分发挥邯山区乡村地处城郊、交通便利的区位优势，坚持整片推进、多方参与、市场运作、产业引导，尊重群众意愿，完善基础设施，突出地域特色，打造田园风光，建设生态文明，做强富民产业，推动村庄建设与乡村旅游、现代农业相融合，壮大村集体经济与美丽乡村经营相融合，因地制宜，连片开发，建设一批环境美、品质高、产业好的美丽乡村，打造全市乡村休闲观光目的地，实现村美人富、宜居宜业。

（2）乡村旅游的前景。

随着社会经济的发展，旅游行业的消费群体迅速扩大，乡村旅游发展迅猛，已成为国内旅游业新的增长点。2013年，中国乡村旅游的年接待游客人数达到3亿人次，旅游收入超过400亿元，约占全国出游总量的三分之一，全国城市居民出游选择乡村旅游的比例大幅增长。2015年4月底，全国有9.5万个乡村开展休闲农业与乡村旅游活动，农业与乡村旅游经营单位达193万家，其中农家乐达220万家，有一定规模的园区超过4.1万家，年接待游客接近8.4亿人次，年营业收入超过3200亿元。

王天军家民居改造

2）经营管理模式的探讨

（1）乡村建设的模式。

在规划方面，乡村建设分为个体层面、片区层面、区域地区层面。个体是以村为单位，现在的乡村旅游几乎都是个体，以一个村庄的环境特点发展旅游；片区是以镇为中心片区，发展片区旅游，片区启动全域覆盖；区域指以县为单位，全面发展乡村旅游。在这几个模式中，片区模式最能体现乡村旅游的特点。片区启动区域覆盖体现了片区模式的特点，可以以片区启动带动整个区域的发展。

（2）乡村经营的核心人物。

怀抱美丽乡村建设的美好憧憬，开启共同致富的乡村建设新模式。乡村建设的核心是"人"。村里的核心人物，如村干部最先响应，其次是经商人士，其他是头脑灵活、见过世面的村民。响应最慢的是经济贫困群体，他们希望随着其他村民一起进步，却不敢走在前面。

在乡村建设中，村支两委是核心人物，他们最了解村里的人情世故、家族关系和地域风情。

乡村建设应妥善解决老人、孩子和年轻人几方面的问题。百善孝为先，中国人把孝道放在第一位，老人大多希望住在家里，儿孙绕膝。其次是孩子的教育问题。乡村建设必须把学校建好，把师资力量搞上去。很多人离开乡村，其实是想为孩子创造更好的学习环境。发展产业是吸引年轻人回乡的最好办法。他们背井离乡只是想获得更好的收入，如果在家乡有一份不错的收入，他们就不会离开。解决了这几个问题，美丽乡村的愿景才能真正实现。美丽乡村，不只是外在环境的美丽，更是宜居、宜业内在的建设。

3）乡村建设的特点

（1）乡村是什么？

"村"的特点是有屯粮，农田与人很近，有很多树木。"家"的特点是房子里饲养了很多动物。房子、人、宗祠、家禽、农田、粮食，形成一个完整的

古枣丰收景象

村落，这也是甲骨文中对"村"与"家"的解释。

在中国，村是农耕文明的最小单位，是东方文化的最小元素，也是城市借以生存与发展的另一半（生态与文化）。支撑农耕文明的是村庄里的每个家庭。村是以血缘关系为纽带、以熟人社会为半径、以家庭为核心、以道德为标准、以村庄为边界的社会形态。

（2）乡村建设的要点。

① 村容村貌恢复。近几十年民房都贴上瓷砖，砌上高墙，找不到浓浓的乡土风情。因此，急需恢复村庄的"原生态"之美。

② 充分发挥村支两委的职责。乡村建设不是以建设为主，也不是以扶贫为主，而是系统性的自治修复。远离城市文明，拉大与城市的距离，增强村干部

小堤村铸造厂俯瞰

信服力，让村干部职责权利对等。由此，美丽乡村建设项目才能真正激活，旧村变新村。乡村建设应当以村民为主体，这是基本原则。

③ 村民培训。社会在快速发展，乡村承载着城市人心中的"田园之梦"。然而，在现实中，乡村的卫生间、厨房、民房的舒适度和供暖方式等与城市有较大差距。村民打工回到家里也不能适应。乡村没有田园感，也毫无城市文明

的舒适度。让村民安居乐业，把"农家乐"经营起来，才是真正帮助村民的方式，也是中国农业发展的正道、大道、农之道。"绿十字"时常为小堤村村民提供农家乐经营与管理、网络营销、女红扎染等各项培训，提升村民自身的"造血"能力。2017年8月14日，"绿十字"邀请在互联网营销策划以及农村电商均有丰富实操经验的培训教师开展为期三天的移动电商学习课程。不但让村民开阔视野，拓展营销思路，还学会了通过移动互联网的方法去提升自己的销售能力和水平，更好地发展自身。

"绿十字"女红培训中心

④ "慢"是农业之价值。居住散落是乡村的特点，有温度是村民的特性。在现实生活中，只有乡村"慢"下来，城市才能"快"起来；有了农耕文明的感性，才有城市文明的理性；有了乡村的生态平衡，才能为城市的工业文明建立一个生态良好的保护圈，以抵御城市工业带来的破坏。

⑤ 土壤。土地是立国之本、生命之源。

⑥ 农道。几千年来，村民掌握农业生产的规律，稻花要雨，麦花要风，浅水插秧，寸水返青，秋后不深耕，来年虫子生，耕地深又早，庄稼百样好。乡村建设的第一要务是修复污染严重的土地，第二是养猪、种地，第三是垃圾（资源）分类，第四是深淘滩、低作堰，第五是修复生态。

古枣林村民晨练太极拳

3.1.2　小堤村规划建设特点

1）规划区位

①　南街村、马堡村、小堤村作为一个片区，在规划定位上，分别以"集""园""坊"为核心，发展乡村旅游。在规划中，以南街村为龙头，以小堤村为引爆点，以马堡村为爆发点。南街村地处河沙镇的中心地带，交通便利，人流量大。作为三个村的龙头，它将成为整个河沙镇的经济主脉，形成一个独有的经济主体。

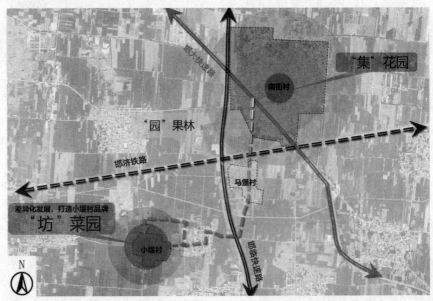

规划分区主题定位图

② 小堤村地处河沙镇镇产业规划"枣乡文化示范"板块内,南街村、马堡村、小堤村在区位格局上形成"三点一带"的发展态势。

2) 村域现状

（1）人口及经济。

① 小堤村建村至今已有 600 多年的历史。人口 794 人,户数 176 户,主要有王、赵两大家族,耕地面积 50 公顷,村庄面积 15 公顷。村支两委 5 人,村内没有集体收入,村内农户主要以打工和农业为主。2014 年人均纯收入 3200 元,2015 年人均收入 3500 元。

② 环村林带主要是枣树,有些树龄达 500 多年,面积约 2.6 公顷,566 棵枣树,其中 156 棵属于集体所有,410 棵枣树属于个人。杜梨树 1 棵,树龄约 600 年。

③ 集体经济:村内有一处养鸡场,鸡的数量为 80 只;村内有超市两处,主要售卖日常生活用品;有小企业一家,机械加工冶金备件厂;有一家小型冶金铸造厂。2009 年 6 月成立邯郸县河堤枣树种植专业合作社。村内未针对其他产业形成相对应的合作社。

（2）用地情况。

村庄规划范围内的总用地约 72.53 公顷,包括村民住宅用地、公共服务用地、产业用地、基础设施用地、农林用地及其他非建设用地。

小堤村村庄用地面积统计

用地名称	面积（公顷）	比例（%）
红线范围	72.53	100
村庄住宅用地	10.5	14.6
村庄公共服务设施用地	1.4	2.02
道路与交通设施用地	2.8	3.8
现状绿地	4.7	6.5
农林用地	53	72.9
水域	0.13	0.18

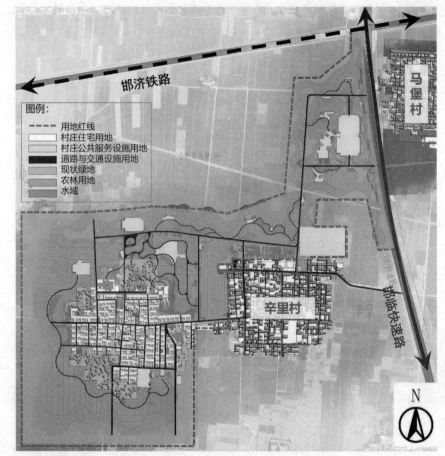

图例：
- - - - 用地红线
▢ 村庄住宅用地
▢ 村庄公共服务设施用地
■ 道路与交通设施用地
▢ 现状绿地
▢ 农林用地
▢ 水域

小堤村规划平面图

（3）村庄风貌特色。

小堤村地处华北平原南部，位于河北省南端太行山东麓，晋、冀、鲁、豫四省的交界处，地势平坦，属平原地貌，一望无际的耕地风光形成小堤村的农耕特色。古老的建筑和古树遍布在村落，古宅呈现"一条街"的分布态势，古老的枣树与集中的建筑街巷相映成趣，绘成一幅小堤村独有的画卷。

（4）村庄历史文化。

① 小堤村的枣树是功臣。1945 年至 1950 年间，密集的枣树林成为小堤村村民的"防弹衣"。在 20 世纪 60 年代的困难时期，枣树还为小堤村村民解决了温饱问题。关于枣树这个村子还流传着许多的经典故事，如"刺猬偷枣""星仙赏枣花""枣园无仁"等。

② 小堤村是当年平汉战役主战场之一，所以特在小堤村的晋冀鲁豫军区一

纵指挥所旧址建纪念馆，以铭记历史、教育后人。

（5）村庄现有建筑。

全村现有村民住宅176处，设计师针对三类不同的建筑，采用不同的建造方式，如原址保留、修缮完善、拆除重建。另外，在村域周边新建部分小体量的配套建筑。

① 一类建筑，共计94处，多建于2000年以后，砖混结构，平屋顶，建筑质量较好。采用原址保留的建造方式，对建筑立面进行整饬，由平屋顶改为坡屋顶，建筑外立面、屋顶、色彩、细节符号等与山村风貌相协调。

② 二类建筑，共计52处，多为砖木或土石结构的瓦房，建于1985年之后，

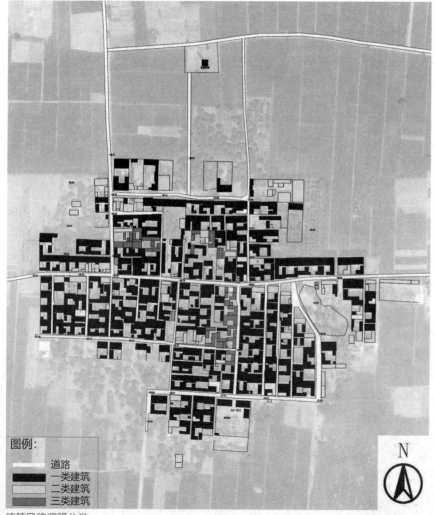

图例：
道路
一类建筑
二类建筑
三类建筑

N

建筑风貌调研分类

或多或少存在一些质量问题，如墙体开裂、门窗损坏、房顶漏雨等。部分房屋在2012年曾经修缮过，但修缮并不彻底，存在一定的安全隐患。这类建筑采用修缮完善的建造方式，修缮内容包括整修屋顶、加固墙体、更换门窗、修补院墙等，修缮后外立面、屋顶、色彩、细节符号等与山村风貌相协调。

③三类建筑，共计30处，建筑年龄多在50年以上，根据所在位置与破损程度，又可分为三类。第一类是房屋质量较差，在原址可以拆除重建，共计12处；第二类是房屋破损严重，无法修缮，而业主已在村内另建新房，现已无人居住，共计8处；第三类是古宅建筑，房屋质量较好，建筑年代久远，可做保留并可适当调整，共计10处。采用原址重建的建造方式，重建后外立面、屋顶、色彩、细节符号等与山村风貌相协调。古宅建筑给予保留，并适当修缮。

④局部新建，主要有剪纸艺术中心、蔬菜博物馆、服务中心、配套公厕等。

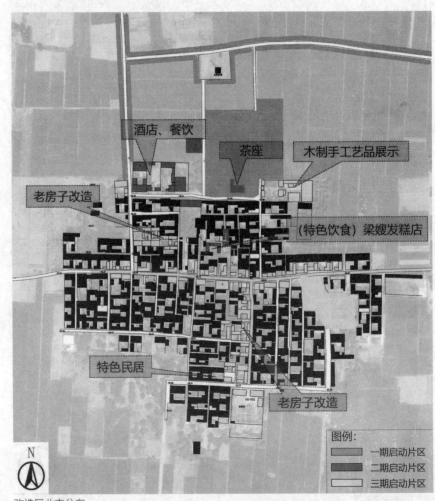

改造区业态分布

（6）村庄现有基础设施。

截至 2015 年底，全村修建道路 10 600 平方米，安全饮水管道 7463 米，垃圾池 4 个，改造旧房 7 处，白墙灰裙墙体改造涉及 100 余农户，设置村庄标志 1 个，村内安装监控摄像头共 24 台。

村庄基础设施改造成果表

项目	成果
道路	硬化街道、街巷 34 条，达 3000 平方米；铺设沥青路面 2 条，达 5500 平方米；铺设便道砖 1300 平方米；铺设透水混凝土 800 平方米；垒砌路沿 5000 米
给水	铺设安全饮水管道 7463 米；新建小渗井 200 余处、小人工湿地 16 处
排水	村庄无排水设施，雨水沿路直接排入洼地；针对村内排污设施不足问题，预建污水处理站 1 座
电力	改造低压线路 6000 米，增设变压器 1 台，更换供电线杆 40 根，更换电表 260 块；安装太阳能路灯 66 盏
电讯	村内现有电话及宽带均引自龙泉关镇电信支局，现有固定电话用户 15 户，宽带用户 4 户。村民现已全部接通有线电视
供热	原来村内农户基本上依靠各家各户的土煤炉或火炕取暖，现在天然气管道覆盖各家各户
配套	新建公厕 3 处，完成改厕 152 户，购置垃圾箱 10 个、人力三轮垃圾车 2 辆，为农户配备小背篓 200 个；对村委会进行建设改造，内设便民服务中心、广播站、文明大讲堂等场地，占地约 2600 平方米；建设活动广场 4 处，达 450 平方米；农家书屋图书 2000 册，新建卫生室面积 100 平方米、老年活动室面积 100 平方米；新建平汉战役纪念馆 650 平方米，农家乐 280 平方米，铸铁工艺馆 4000 平方米，枣园游览路径 1000 米

3.1.3 小堤村建设问题分析

① 小堤村的交通主要分为外部交通和内部交通。外部交通：进入小堤村的现有道路需穿过辛里村村域，交通不便，且入口无提示，形象展示差。内部交通：交通混乱，没有主次之分，无法形成一个合理的交通环路，且路面全部为硬质水泥，缺乏美感，道路与建筑之间缺少植被种植层，整个村庄生硬而无绿意，空间单一而一眼望穿，缺乏层次感。规划主要在现有道路网络的基础上进行更新完善，并对村庄交通进行重新梳理，打造网络化、层次化的道路交通体系，加强"村—村"的有机联系。道路按照主干路、次干路和巷道三个等级进行划分。

② 建筑问题涉及主街民居建筑和公共建筑。主街民居建筑立面颜色、形式、

高度太平均，缺少特色、层次，应局部增高，拆除建筑体；几乎全是高墙大院，建筑密度集中，不透气，应在局部打造特色十足的休闲体验空间。公共建筑散落在村落里，未形成体验动线的串联，建筑用材形式不统一，与民居未形成差异，缺少特色，且施工工艺粗糙，无法与外部景观相呼应。应研究当地的建筑形式，结合现有的建筑功能，综合考虑建筑的体量关系及天际线，营造专属于小堤村的村落感。

③ 产业问题：产业基础薄弱。小堤村是以农业为主要经济来源的村庄，以种植小麦、玉米、马铃薯等经济作物为主，手工业处于初期，且没有形成村集体经济。应采用土地流转的方式，提高土地利用率，并进行产业规划及定位，发展、壮大集体经济。

3.1.4　小堤村规划定位

① 定位一：高附加值的绿色农产品生产基地及食用枣特色农产品基地。大力发展优质枣产品种植加工等特色种植业，适量发展传统种植业，如辣椒、油葵、地肤等经济农作物，打造特色鲜明、附加值高的农产品生产基地。以生态农业为基础，以本土文化为核心，以乡村生态休闲旅游市场为导向，把小堤村打造成集观光、文化、娱乐、体验、参与等多种形态于一体的生态型特色乡村旅游基地及服务周边的旅游服务配套基地。

② 定位二：重拾村民对本村历史的记忆，将小堤对"枣"文化作为村庄形象，为村民带来经济效益，为游客提供可观、可赏、可尝、可游、可憩的美丽乡村。挖掘邯郸乡土文化氛围，提炼本土化的乡村风格，认同乡村自身价值；多角度保留并保护地区乡土习俗和文化本底，让游客与文化"不期而遇"；通过乡村文化体验活动、农耕采摘体验、食品制造体验等，实现乡土教育功能。

③ 定位三：建立一套村管理机制，建设区域最有活力的乡村。以当地村民为主体，鼓励村民积极参与；在村管理机制更新、建设的过程中培育乡村自身的发展能力，促进乡村的自我成长、自我完善、自我更新；实施具体的村庄面貌改造方案，使村民行动起来，并逐渐形成村民与村庄发展之间的良性互动。

④ 定位四：打造一个"幸福"乡村。一户一品，开门见翠绿植株，村中现灰瓦土墙，村旁闻瓜果飘香，春赏草木夏避暑，秋品果来冬戏雪，居游共享，山水合一，融合传统、继往开来。在村落中打造不同风格的多元化空间，将居住邻里与公共空间连接起来，践行环境保护与可持续发展理念，通过特色本土

建筑和可持续发展的景观生态，增强居民和游客的场地认同感，实现人居环境的高品质提升。

3.1.5 小堤村规划原则

① 充分利用现有条件及设施，坚持以现有设施的整治、改造、维护为主，尊重村民意愿，维护村民权益，严禁盲目拆建村民住宅；保留原有建筑风貌，提升内部设施，提高生活质量。

② 各类设施整治应做到安全、经济、方便使用与管理，注重实效，分类指导，不应简单套用城镇模式大兴土木、铺张浪费。

③ 综合考虑整治项目的急需性、公益性和经济可承受性，确定整治项目和整治时序，分步实施。

④ 充分利用与村庄整治相适应的成熟技术、工艺和设备，优先采用当地原材料，保护、节约并合理利用能源资源，节约土地。

⑤ 严格保护村庄自然生态环境和历史文化遗产，传承和弘扬传统文化。严禁毁林开山、随意填塘、破坏特色景观与传统风貌、毁坏历史文化遗存。

3.1.6 小堤村规划要点

1）村庄生态环境及历史环境的保护

① 保护村庄环境：注重水土保持，涵养水源，保护乡土树种、自然植被。保持水域环境清洁，将坑塘、生态湿地的水域进行环境和功能设计，做好水的"文章"。

② 保护历史环境要素：严格保护古庙、古宅、古树、古石碾等历史要素本体，将其作为不可移动要素，避免破坏。以历史要素为主体，打造小堤村特色公共空间系统，与民俗旅游有机结合，提升村庄的环境品质，丰富文化氛围。

2）对村庄空间进行景观与景观视廊的规划

① 视廊：中心轴线两侧区域。

② 对景：村标、幸福院、祠堂、枣树林、剪纸艺术工作室、蔬菜博物馆等路上视线所及区域。

③ 控制方法：对遮挡空间的非自然设施（如广告牌、电线杆等设施）进行移位，对需要补植树木的地方进行景观节点设计。

3）街巷里面地面的铺设与绿植规划

限于街道尺度的原因，村落内部植物方面，建议选择小型灌木或地锦等藤本植物，在主街道旁，局部开敞地可移植大树。主要街道和次要街道现为水泥硬化路面，主要通行路面予以平整保留。部分巷道可恢复为石板路面，模仿原本的道路肌理。

4）院墙与院门的改造

目前，院墙大部分为水泥勾宽缝，内部为水泥砖，虽耐用，但与当地青砖墙面风貌不符。村内秸秆、树干等自然资源丰富，就地取材与老砖结合作为院墙的主要材料。秸秆扎成的篱笆可少部分点缀。新建院墙严格控制高度，改造院墙局部设计。所有院墙均比建筑主房要高，应考虑降低现有院墙及院门的高度。村内石砌外装饰瓷砖的院门缺少乡土特色和韵味，建议将传统铁院门改造为墙垣木门，红砖墙可改成篱笆式柴门。

5）地坪与院落景观的改造

院落地坪形式多为水泥地面，不美观，可保留部分，用于生产。基于传统风貌与经济两方面因素，宜采取砖石等乡土材料和透水的传统铺砌方式。

院落内部有大量绿化，需要引导规整。结合院落内的菜园布局，种植花卉、果树，增加景观小品。

6）建筑色彩与建筑材料的控制

将建筑色彩通过晶格化成像，提取主要色彩，以出现频率最高的色彩作为主色调，比如，土黄、红色、灰色、桐油原木色，辅色调多为石灰白、片麻岩黄。

建筑采用本地材料和传统样式、传统建构方式与现代建造方式相结合的建筑方法。

3.2 区域和空间

3.2.1 配套建筑的区域与空间分配

① 接待设施：在村东入口处建设一座游客服务中心，外观采用木屋形式，与项目地生态环境相协调。

② 餐饮设施：餐饮设施包括三类，第一类为入口服务中心内的餐饮中心，第二类为农家院提供的以家庭为单位的农家餐饮服务，第三类为生态农庄提供的主题餐饮。

③ 住宿设施：住宿设施包括三类，分别为精品主题酒店、农家院住宿及精品民宿住宿。

④ 娱乐设施：娱乐设施多元化，主要依托开发建设的旅游项目，包括生态农庄、生态采摘、果园赏花、运动广场等娱乐活动空间，打造生态参与型的休闲活动场所。

⑤ 购物设施：购物设施主要为入口服务中心内的展销中心、村民创业屋。展销中心采用展示同时销售的形式，对外推销、宣传小堤村的农产品。村民创业屋依托村民的手工艺术、农产品加工技能等，售卖特色农产品及手工制品。

⑥ 标示设施：设置统一设计的标识标牌，包括道路标牌指示、全景标牌指示、景点标牌指示、提示牌、服务标牌指示等，布置于入口服务中心、道路分叉口、景观节点、旅游景点等场地。

3.2.2 整体规划格局与空间

村内规划格局可归纳为"一心、一轴、一环、多点"。

"一心"：旅游接待中心，主要为游客提供便利的服务，提升村庄服务的水平和质量。

"一轴"：村庄游览轴线，规划动线范围增加村庄特色产品，形成一条主要的游客旅游动线。

"一环"：外围植物景观种植带，美化村庄景观和公共空间环境，使其成为村民和游客休憩、游玩、观景与交流的场所。

"多点"：多个景观节点，包括入口景观、枣林采摘园、小吃街、老街坊、杜梨园、蔬菜博物馆、农耕五谷大舞台等，为村民及游客提供不同形式的开敞空间，满足日常交流、休闲、观光及文化宣传的需求。

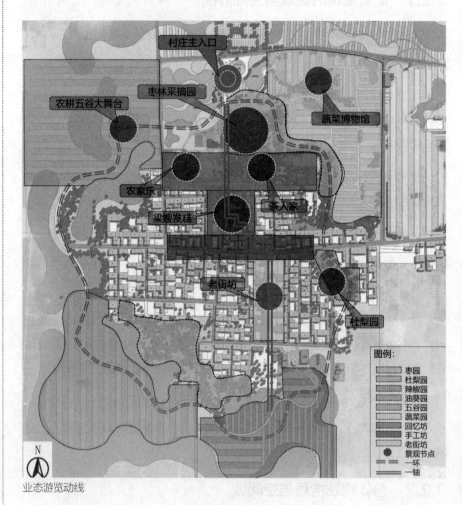

业态游览动线

村内规划格局的核心是打造"三坊""四园"，形成三条可停留的乡情街坊，四处可体验的乡间公园，五种可传承的文化特色，六棵可讲故事的老古树。"三坊"即手工坊、老街坊、回忆坊，"四园"即枣园、杜梨园、辣椒园、油葵园。

①手工坊：这些依托小堤村村民的致富手艺建成，各种作坊分布在村庄里，形成一条引导游客游览的隐形动线。村民通过独门手艺，不仅保证自家的经济收入，更为村庄带来人气。各种传统手工坊包括枣糕坊、辣椒坊、油坊、醋坊、面坊、豆腐坊、磨坊、染坊等。

②老街坊：这些是小堤村的印记。被古老建筑及古树充斥的"老街坊"在

阳光的沐浴下，古韵犹存，缄默静谧。在老街上组织相应的体验活动，更显小堤村的神秘与魅力。"拱券"是老街建筑的一大标志性特征，外墙平整简洁，每家房门均砌出半圆壁柱，上有砖雕花式及其他细部装饰。

③ 回忆坊：这些是小堤村的回忆，依托于"回忆坊"的文化历史，组织相应的体验活动，不仅吸引游客参与其中，了解小堤村，同时将小堤村的历史文化传承下去，使村民引以为傲。回忆"铸造"文化，回忆"红色"文化。

拱券

3.2.3 小堤村、马堡村、南街村的"村标"与"边界"小记

1）邯郸"三园"主标识

设计师考察了邯郸所有遗留下来的历史文物古迹，并且查阅大量文献资料，找到与"三园"定位相符合的建筑原型，也为这个片区的主标识雏形奠定了基础。设计初衷是从这处极具代表性的建筑上找到厚重的"赵"文化历史元素，并且契合村庄的乡土气质，符合现代人的审美情趣，具有体验互动的功能，要是还能实现废物材料的再利用，简直锦上添花！

小堤村区位实景

历史文献资料参考照片

小堤村主入口效果图1

小堤村主入口效果图2

2）小堤村标志

小堤村有一片 500 多年的古枣树群，有枣树 566 株，树干粗壮，枝叶开展。村里流传着一个体现"团队精神"的故事——刺猬偷枣。两只刺猬爬上枣树，采摘鲜枣，在下面拾到一块儿，以适当的个数放成一堆，然后在上面打滚，枣扎在刺上，刺猬背着枣运到巢穴，存放起来吃食。它们分工合作，场景颇为喜庆。

在小堤村的村标设计中也融入了这一典故。

古枣林

小堤村村标

小堤村 LOGO

3）马堡村标志

相传明惠帝建文年间，燕王朱棣以"入京诛奸"为名，从北京进攻南京，经过河南、河北、山东、皖北、淮北等地，与政府军反复拉锯作战，达4年之久，这就是人们盛传的"燕王扫北"。据传，燕王朱棣途经此地，曾在村西土地庙前拴马休息，故此地得名"马堡村"。

因此，在马堡村的村头和村尾，均设计了既可休憩又有历史气息的村标。

马堡村村标实景

马堡村村标效果图 1

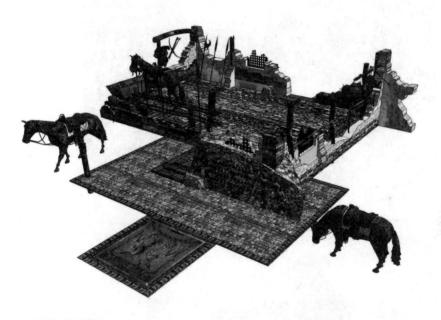

马堡村村标效果图 2

4）南街村标志

已有 600 多年历史的南街村，具有厚重的文化底蕴。设计师提取"赵"文化元素，将其与南街当地乡土材料有机结合，打造了独具南街特色的南街标志。

乡村营造

把农村建设得更像农村

南街村村标效果图

南街村村标实景1

南街村村标实景2

3.3 建筑意象与细部处理

3.3.1 建筑平面格局与细部

村庄建筑平面布局多为三合院和L形。

传统屋顶除了现浇顶外，分为双坡顶和平顶两种形式，正房多采用双坡顶，厢房采用平顶，屋顶出檐较小。墙体立面为青砖台基，砖山墙结构，墙体为红色或青砖色。大门采用传统双坡顶门楼，有现浇板、传统木构和砖构三种形式，传统木构多为油桐原木色，新建平顶门楼为砖砌墙身，门扇为朱红色，两者的大门均开在中柱上。装饰部分多为青砖灰顶、木雕修饰等，部分门有砖雕修饰，现代新建民居以瓷砖拼花做装饰。传统砖木结构的拔檐房，立面造型颇具特色。

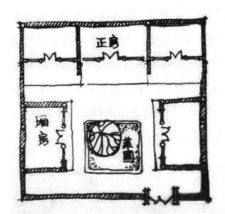
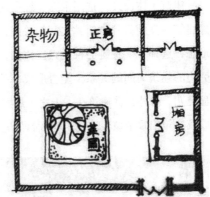

平面布局图

建筑细部

3.3.2 建筑设计思考小记

小堤村在建筑的改造与新建过程中，主材只有水泥和水泥砖，还有少量的瓦。

农家乐建筑风貌

建筑主体设计，选用干净、统一的材料，景观设计颇为丰富多元。综合考虑建筑与其前后院枣树林之间的关系，站在各个角度，研究选址环境下的建筑形态，选择几个关键的视觉点。比如，在主街角看建筑形态，看它与其后面或旁边的建筑之间的关系，能否形成一条建筑天际线，在对比之中保持稳重，不显突兀。另外，看建筑在一天之中最好的样子（即早上9点半和下午4点半），以及一年四季中该建筑能否与大自然完美契合。

古枣园庭院风貌

古枣园建筑风貌细节 1

关于建筑体本身与周边建筑之间的互动联系和建筑材料的使用：有时因为到场材料发生变化，建筑设计只能进行一些外观上的临时调整。

有时，设计墙面时有各种各样的想法，但建筑设计应尽可能较少地运用时尚元素。时尚的东西很容易过时。因此，设计师"反其道而行之"，摒弃时尚的建筑元素，用一种最简单的方式取而代之。

砖和瓦的用材有时让人感觉太复杂，因此，建筑设计摒弃过于复杂的元素，力求简单、干净。很多设计过分强调砖和瓦的变化，而忽视内在的本真。好的设计，应当是经典的。随着时间的流逝，曾经的时尚很容易过时，反倒是越简洁，越经典。

古枣园建筑风貌细节 2

　　民房建设也如此，越传统，越精简。村民建红砖房其实很简单。然而，村民存在攀比心理，施工工人也喜欢用复杂的工艺凸显技术，其实这些并非必要。乡村建设设计师要进行动态设计。针对不同的实际情况，在设计方向和原则不变的前提下，对细节进行调整和优化，便于设计方案更好地实施和应用。

3.4 新式民房建筑式样

3.4.1 王庆军民居（槐花院）

这里原本是一处废弃的民居，屋主常年在外，屋顶漏雨，破败不堪。村集体将房屋以长租的方式收回来，作为城市儿童来乡村的手工体验坊。设计师现场勘测后，既想保留乡村老院子的感觉，又需解决实际的排水防潮问题，将院内原有的槐花树保留下来，在门口设计了下沉式月台，地下预留排水管道，将雨水排入污水管网。屋内增加墙内防水，保证功能的合理性与实用性。院子是手工活动的主要场地，围绕现有的树木定制了木质的曲线桌子和树墩凳子，儿童可以在树荫下学习、活动、听虫鸣鸟叫，让孩子们更好地融入和体会大自然。

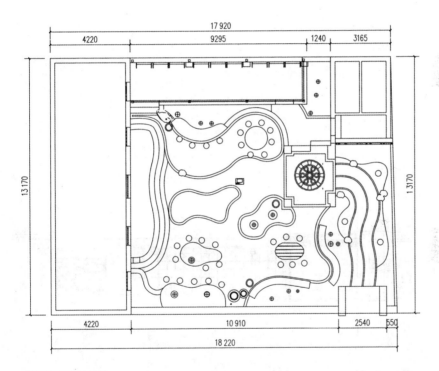

槐花院设计平面图

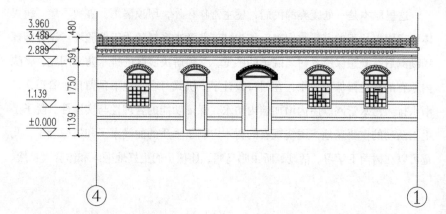

主房立面图

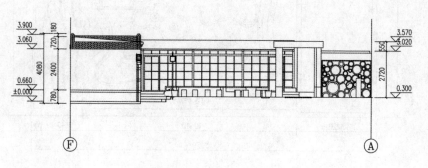

整体外立面图

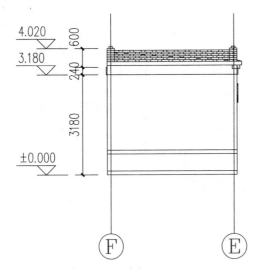

主房侧立面图

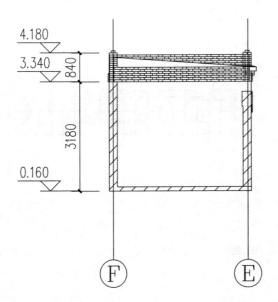

主房剖面图

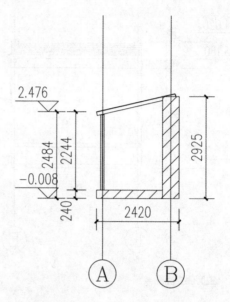

阳光房剖面图

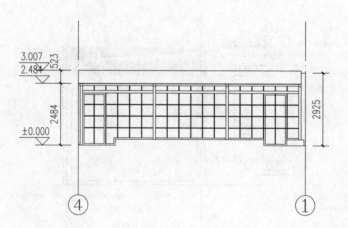

阳光房立面图

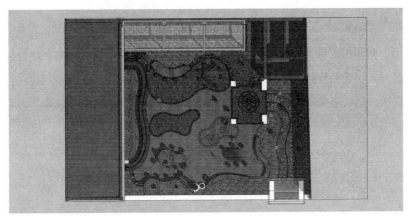

槐花院设计平面图

槐花院效果图

槐花院实景

3.4.2　莉莎小院

　　莉莎小院是由村内原有老建筑改造而成，它具有显著的邯郸民居特征。通过对老房子的翻修和整理，解决现代人舒适使用的需求，打造成具有乡村气息、体验舒适、温馨现代的精品小院，让游客轻松感受惬意的旅居空间。

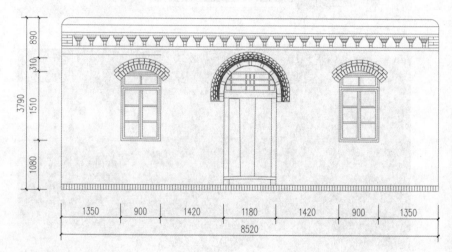

莉莎小院立面图 1

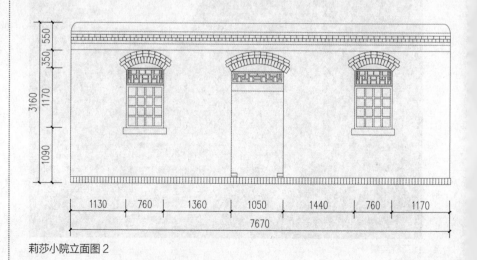

莉莎小院立面图 2

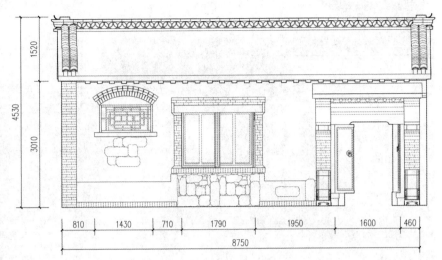

莉莎小院立面图 3

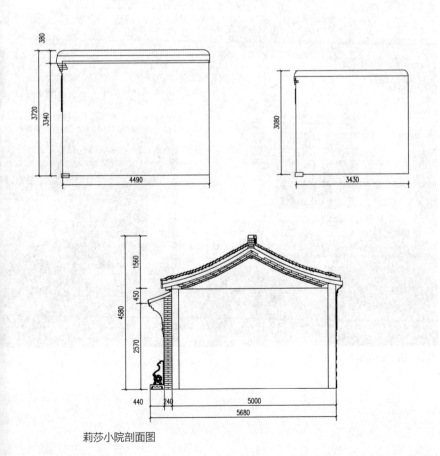

莉莎小院剖面图

乡村营造

把农村建设得更像农村

莉莎小院室外实景

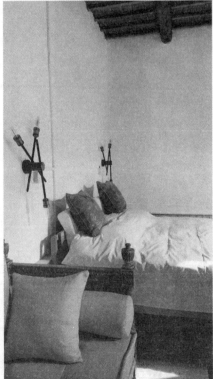

莉莎小院室内实景 1

莉莎小院室内实景 2

3.4.3 酒坊

　　小堤村酒坊是邯郸本地赵王酒厂的发源地之一，对室内发酵酒窖和蒸炉重新布置恢复工坊式生产，外立面稍作修整，增加披檐挡雨，是村内传统产业品牌化的试点，并取古枣树的枣为原料，酿造了本地特色的枣酒产品，具有独特的枣香风味。

酒坊实景

3.5 乡村公共建筑

3.5.1 枣文化长廊

　　枣文化长廊的设计主要采用小堤村古建筑的特色与当地原有窗花样式的设计理念，秉承小堤村的历史延续。因其位于村入口的必经之路，希望游客走在廊下，如身临其境般地感受小堤村历史，成为名副其实的"时光隧道"。

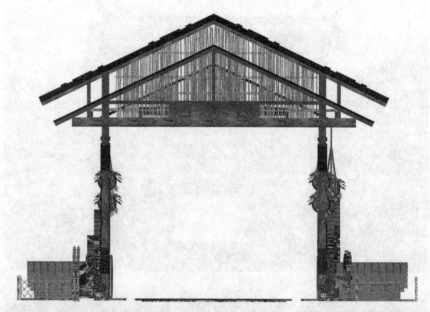

枣文化长廊立面效果图

枣文化长廊设计效果图

枣文化长廊实景

3.5.2 铸造厂

铸造是小堤村曾经的支柱产业，还留有兵工厂生产的痕迹，是几代人辛勤劳作的见证，留下了太多美好的回忆。由于铸造厂结构的问题，设计师保留部分老墙体，大胆地选用钢材以支持二层结构。在老红砖上再加砌新的红砖，保留历史肌理，犹如残墙上生长出新的建筑，寄予新的期望。

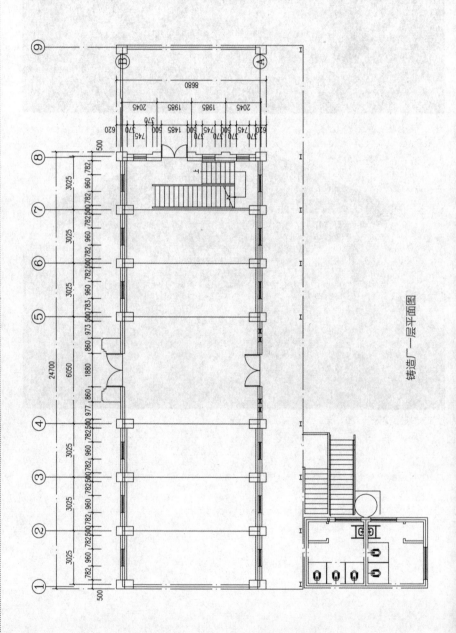

铸造厂一层平面图

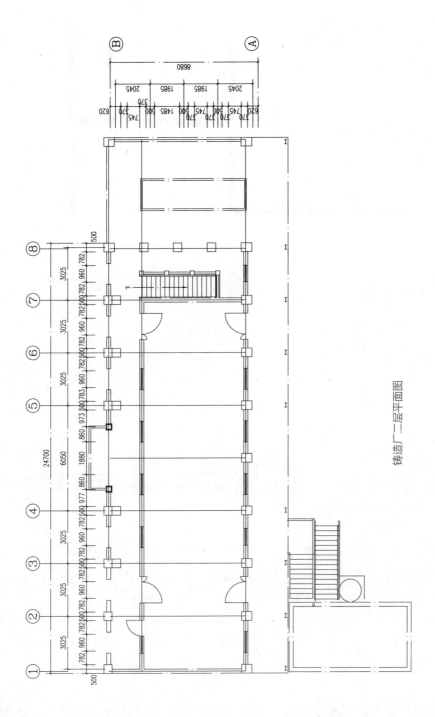

铸造厂二层平面图

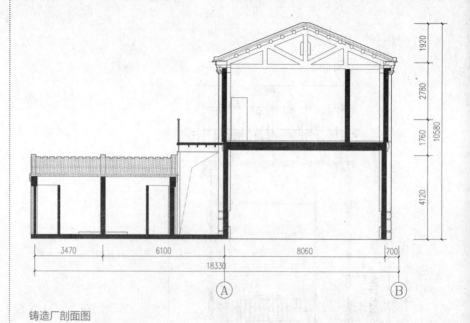

铸造厂剖面图

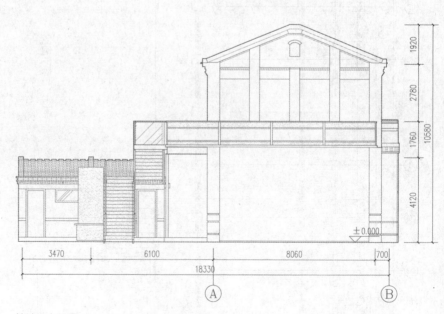

铸造厂立面图 1

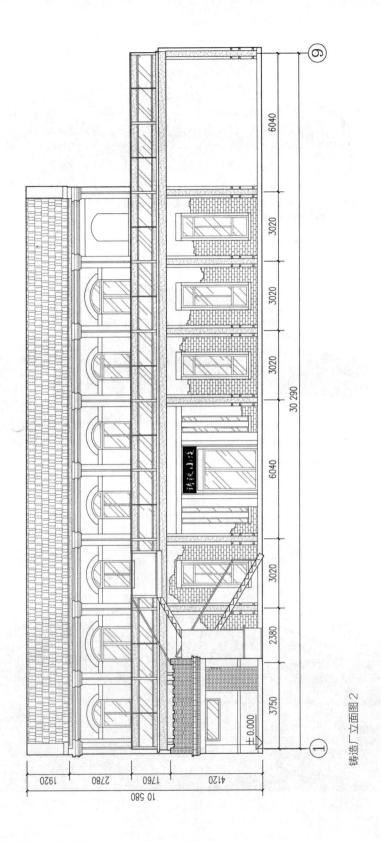

铸造厂立面图 2

75

乡村营造

把农村建设得更像农村

铸造厂北立面效果图

铸造厂南立面效果图

铸造厂建成实景

3.5.3 杜梨园

在小堤村，有 5 棵杜梨树，每到春天，参天的杜梨树的花儿在一夜间悄然开放，成为村里最美的风景。深秋时节，无人采摘的杜梨果纷纷落地，杜梨叶也变为好看的赭红色。为丰富村民的生活，设计师们构思设计了杜梨园，为村民们提供了社交场所，构成了小堤村和谐的农家街景。

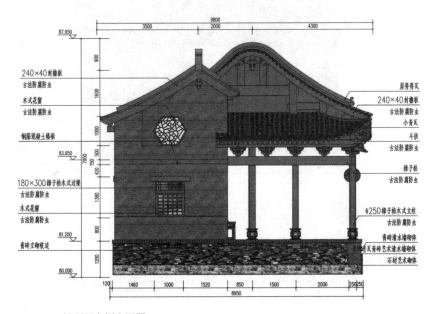

杜梨园左侧立面图

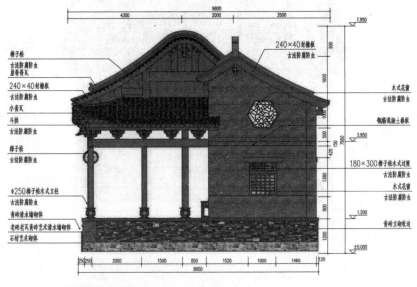

杜梨园右侧立面图

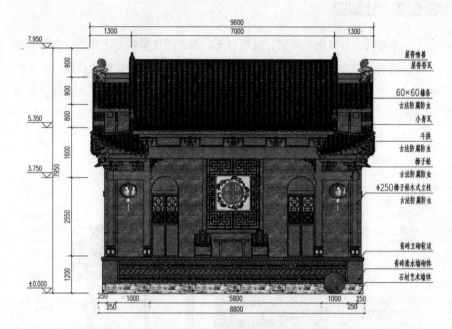

杜梨园正立面图

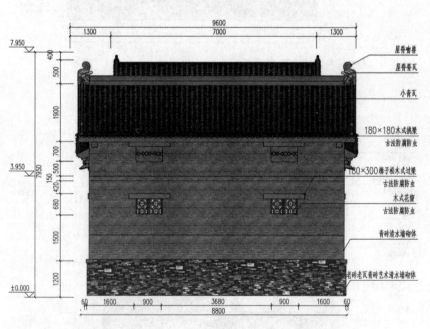

杜梨园背立面图

杜梨园效果图

杜梨园实景

3.5.4 游客服务中心

游客服务中心，清水墙与黄泥墙是20世纪80年代的主色调，带有部分民国时期的建筑特色，以当地特有的花拱券作为门头，展示出小堤村特有的建筑文化符号。室内开敞的空间和室外大面积的菜园互相映衬，令人更亲近田园自然。公厕也是以3A的标准来打造，更注重实用性和舒适性。

游客服务中心实景

3.5.5 游客服务中心公厕

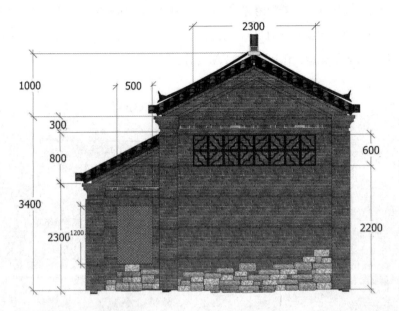

游客服务中心公厕立面图

游客服务中心公厕实景

3.5.6 古枣园

十几棵上百年的枣树让设计师对这片土地极为喜爱，甜蜜的枣香是这里最大的特色，也是设计师最珍惜的地方。古枣园的建筑风格要体现冀南传统建筑的朴素，因而设计师更多地选用软质材料，如木头和篱笆等，令初来的游客享受这份古朴与简洁，更希望游客朋友能在枣树下品一杯枣片泡的茶，静静享受午后透过枣树叶倾斜而下的阳光。材料简单而富有回忆，湿漉漉的老砖传递给游客沁人心脾的凉意，让来往的旅人驻足停留，分享各自的故事。

古枣园设计效果图

古枣园实景

3.6 古建与旧房改造

古建与旧房改造和现代建筑设计不尽相同。在修缮旧房时除了保持历史原貌，保留一些门头样式、窗户花格、室内局部天花板、门把手、老旧木头等，还要满足现代人的居住习惯，保证舒适度和空间感。在此过程中会遇到诸多难题，比如，旧建筑保留得不完整，施工队的施工工艺达不到古建修复的标准，现代材料与旧建筑材料差异较大等。为了做好古建与旧房改造设计，设计师在前期做了大量准备工作：首先，走访当地保存较完整的古村落，研究建筑细节，并拍照记录，以便日后作为参考；然后，跟工人们深入交流，了解施工工艺，带他们前往之前的项目基地，学习考察，并进行简单的培训；最后，结合旧建筑的空间格局、现有情况、户主意见、预计投资额以及施工工艺所能达到的程度，综合考虑方案设计。当然，小堤村旧房改造项目启动之前的最大难题是旧建筑的数据测量。旧建筑大多没有设计图纸，或原始设计图纸已失传，而且现在的布局发生了很大的变化（户主为居住便利而对旧建筑随意拆改），因此，想要做好旧房改造，数据测量是非常重要的。当然，这也是一项费心费力的工作。在进行数据测量的同时，还需确认旧建筑的结构是否有问题，哪些需保留，哪些需拆掉重修。这对于后期改造工作的顺利进行起到至关重要的作用。比如，有些外立面上的建筑雕刻出现缺损，则需雕刻修复，局部材料施工保护，按照原来的编号拆下来，将拍摄的照片与现行方案做对比，确保其满足现代生活需求。

在施工过程中，材料的选择与运用至关重要。设计师大量收集旧建筑拆下来的老物件，比如，老砖老瓦、旧门旧窗、碾盘、瓦罐等，运用现代手法，将其融入整个环境，使空间看起来更生动。新材料多做仿旧处理。

古建与旧房改造工程中，大多没有详细的施工图，甚至按照想法直接施工。因此，设计师应当对整个项目建设中出现的问题有一定的预见性，并且与施工方随时沟通。不能经常因为一个小小的问题耽搁好几天，得不偿失。

在旧房改造的项目中，设计师不可避免地需要和村民打交道，有时村民提出的要求对设计方案会形成直接的影响。比如，小堤村王金同家小院，围墙西侧正对路口修了一面影壁墙。户主对设计图纸很满意，但建到一半，户主拿来一块砖，让施工队砌在影壁墙正中间。这是一块刻着"山海镇"字样的老砖，据说是请"大师"刻的字，设计师与户主多次沟通，甚至"软磨硬泡"，户主才答应放在影壁墙侧面某个不抢眼的位置。

3.7　施工

建设施工工艺要求如下所述。

① 灰缝整齐均匀、横平竖直，宽度控制在 5 ~ 7 毫米，勾缝深度控制在 5 毫米左右。

② 灰缝砂浆中的白灰、沙、水泥的配比为 1 ：2 ：0.3。

③ 白色砖缝线效果明显（设计方制定统一标准）。

④ 灰缝：横缝和竖缝整齐、均匀，不弯曲，不饱满。

⑤ 建筑墙体阴角线、阳角线应整齐，呈一条直线，避免出现弯曲变形。

⑥ 砌砖外漏面应色彩均匀、整洁，棱角分明，不出现缺角、破损、不平整等瑕疵砖面。

⑦ 所有外漏墙面干净平整，墙体交接处水平垂直（如门框、窗框收边、墙角柱、柱头等）。

⑧ 重点造型处工艺细节应严格设计。

⑨ 石头应砌平整，石头缝隙不易过大，缝隙错落有致，砌深缝砂浆不外漏。

⑩ 建筑结构及基础应符合标准，施工时确保高质量且安全可靠。

⑪ 定制成品材料需要样图或样品，具有一定的艺术美感。

⑫ 尺寸推敲要协调，不可偷工减料减小尺寸比例，导致整体效果不协调。

⑬ 施工节点和建筑造型，需提前与设计人员沟通。

⑭ 施工负责人应对工人严格要求，督促并检查施工项目，每天一验收。

⑮ 每天需要清理项目的建筑垃圾。

⑯ 妥善地保护各种成品。

施工过程

3.8 产业 IP

产业由文化衍生而成，小堤村聚焦什么文化？发展什么特色产业？怎样发展产业？

首先，设计团队对小堤村进行充分的调研，发现现有产业存在以下问题：

①产业以种植业为主，手工业处于初期。

②小堤村是以农业为主要经济来源的村庄，以种小麦、玉米、马铃薯等经济作物为主，其他规模化生产尚需时间。

③养殖业以鸡的养殖为主，散户经营，不具备优势。

④养殖业以家庭为单位，实行散户养殖，在养殖规模及家庭参与程度方面，具有一定的发展基础，但经济效益较低，并且不具备竞争力。

⑤工业方面，有小型机械加工厂；服务业欠缺，未能有效发挥资源优势、区位优势。

目前的产业及规模无法满足村民致富的需求。

村内现有多处平汉战役指挥部旧址遗迹。同时，这里还是历史上的铸造基地。据村干部讲，小堤村曾是邯郸铸铁工艺最发达的地方之一，现仍保留废弃铸造厂，今在小堤村百年老厂旧址——小堤铸造厂建起"铸铁工艺园区"，以示纪念。小堤村的历史文化较悠久，尤其是枣文化，枣树有近千年历史。

铸铁工艺园实景

走访全村，最令设计师激动的是，村里有一片有些树龄长达 500 多年的古枣树群。枣树共 566 株，树干粗壮，枝叶开展。初夏时节，林荫遍布，枣花飘香，整个村庄笼罩在香气之中。

古枣树

小堤村民风淳朴，村民对枣树有着深厚的感情。几百年来，一代代村民与古枣树生生相息，演绎着许多动人的故事。枣树是这里的"功臣"。1945—1950 年间，密集的枣树林成为村民的"防弹衣"。20 世纪 60 年代初，枣树还为小堤村村民解决了温饱问题。

成熟的红枣

未来小堤村将聚焦枣产业，发展以枣为主的特色种植业、以枣为主题的乡村生态旅游业，发展以生态农业为基础、以枣文化为核心、以乡村生态休闲旅游市场为导向、以小堤村产业定位"枣"文化为主的特色产业，开发以枣为特色的旅游产品：吃甜枣、尝枣糕、品枣饮、赏枣花、听枣说、买枣品。

与此同时，以特色种植为基础，以采摘等休闲观光农业和乡村体验为核心，积极发展生态旅游业，不断完善村庄的产业结构。

石磨豆腐坊体验

通过旅游服务等第三产业的发展，带动优质枣产品种植加工等特色种植业，全村集中建设枣林区约3公顷。适量发展传统种植业，如辣椒、油葵、地肤、向日葵等经济农作物，建设特色鲜明、附加值高的农产品生产基地。

小堤村油葵基地

第三产业的发展有助于带动第一产业的发展，为生态、高效的农业种植业发展指明方向，推动农业资源的整合与提升。随着农业生产模式的发展，传统的农业种植方式与种植结构将被集约、高效的生态农业所替代，小堤村应抓住机遇，适时改善农田水利等农业基础设施，提高农产品商品化率和农业机械化水平，以有限的土地资源，最大限度地为村民创收。

除了"农道天下"设计团队的努力，"绿十字"秉承"把农村建设得更像农村"的理念，在小堤村项目中将"软件和硬件"同步进行，让村民提高技能并直接参与建设和未来的产业经营，改变村民的思想意识，让在外的年轻人回来经营自己的家园。让百姓在拥有更好的居住条件的同时，还让乡村拥有自己的产业体系，让村民手中的钱袋子鼓起来，最大限度地发挥百姓的能动性与参与性，让村民拥有幸福感，乡村自己"转起来"。这也是"绿十字"为之努力的事业。硬件易，软件难，硬件快，软件慢。就像孙君所言："舞台是硬件，唱戏的是软件。"在乡建运营中，应"软硬皆施"。"绿十字"采用"4321"的产业模式，着力乡村建设的经济体系，打造乡村循环发展体系：村民中40%进行自然农业生产、30%服务乡村旅游、20%运营物流电商、10%进行传统手工业，在这个体系中，有几个关键点，对于未来发展至关重要：

（1）旅游品牌建设。

许多美丽乡村的项目，重点依托未来的旅游，是否能够将本土文化深入挖掘，建立自己的品牌定位与形象，是首要工作。品牌建立后，通过多元化的传播方式，将品牌的目标传播到旅游受众心中，实现旅游消费群的提升。

邯山区地处中原地区，缺山少水，旅游吸引相对缺乏竞争力。设计师从邯郸深厚的文化底蕴入手，充分分析当地村落情况后，建立了"园"——农业主题、"坊"——手工业主题、"集"——商业主题，进行三个特色村落定位。农业、手工业和商业共同构成了古代中国的经济结构，也是我国古代人民创造灿烂农耕经济文明的基础。邯郸县借助历史底蕴，整体打造中国农耕文明的传承地与体验地，建立独特旅游的吸引力。

（2）乡村产品包装。

产品需要提炼核心价值，建立自己的附加值体系。老百姓自制的手工品，鲜有附加值及产品体系规划与品牌支撑，单纯靠游客零散购买，很难形成稳定的产销体系。邯山区小堤村的古枣林，经过整体设计，建立起"小堤古枣"品牌形象，以古枣文化为卖点，设计打造鲜枣、干枣、熏枣、枣酒等一系列产品包装，实现产品品牌化与价值化。

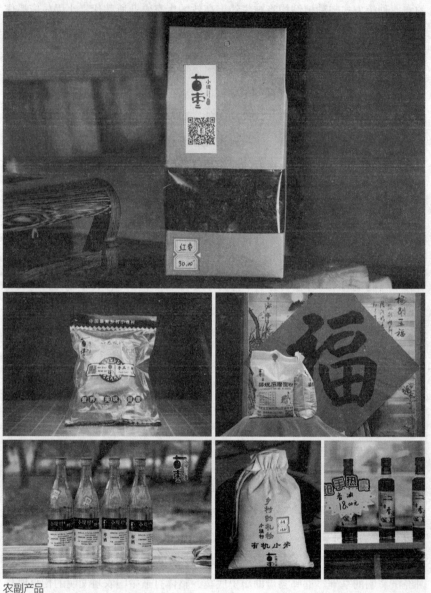

农副产品

（3）整体市场营销。

老百姓的经营意识相对较弱，多以个体为单位，很难形成合力。"绿十字"的软件系统中，建立村集体合作社，对村落资源进行整合，同时帮助大家进行手工业培训、土壤改良、电商平台搭建，为乡村发展建立一个有序发展的基石，也为整体县镇产业的营销策划建立了可行性。

有了品牌、产品与营销，百姓乐业的愿望得以实现，做到"能者致富、弱者脱贫"，让村里的人们离幸福更近一步，是我们每一位乡建同仁所追求的目标。在政府、设计团队及施工单位一年的不懈努力下，小堤村产业于2016年12月初具规模。

酒香不怕巷子深，小堤村虽然位于邯郸城郊，却吸引了大量游客。首先建成的古枣园，园内有5棵大古枣树，让人流连忘返。发展特色农家乐，在枣树下品尝邯郸特色民间小吃。

2017年9月9日，小堤村举行邯山区"首届古枣采摘节"。摘枣节的主题是"古枣丰收映衬下幸福的农家生活"，活动凸显古风古韵元素，正所谓"天地孕古枣，农事留佳话"。

几百年来，光阴如梭，人事代谢，但传统农事耕作特别是打枣风俗依然代代流传，村民精心打虫、打枣、晒枣、贮枣等一系列农事习俗至今完整地保留下来，成为不可多得的农业文化遗产。以前，小堤村的古枣每千克仅卖10～12元，现在有了知名度，每千克能卖到40元。

打枣

晒枣

三产旅游业的发展带动了农业的发展，形成了高附加值的绿色农产品生产基地：经济农作物种植约 4.2 公顷、油葵种植约 5 公顷、油牡丹种植约 4 公顷、辣椒种植约 4.6 公顷。

古枣的商业品牌价值逐渐为人所知，同时衍生出来多种以古枣为特色的产品。古枣和传统地道的农家美食使人们食欲大增、大快朵颐。与此同时，经过各级干部的努力，小堤村美丽乡村农副产品项目呈现"井喷"，农副产品琳琅满目，让人目不暇接，由衷地感慨美丽乡村产业富民的示范效应。女红产品，手工的温度，来源于女匠人吕双燕的坚守。村民王雪印自制米皮，入口绵软，光滑细腻，口感极佳。花样繁多的梁嫂发糕，不变的是手工传统制作，此外石磨面粉也很受欢迎。用红糖和黑糖制作的老赵麻花；古枣园特色炖大鱼；王老五的八大碗，荤素搭配，美味可口；彩虹蔬菜面，蔬菜面彩色馒头；市场宠儿——古枣手工米线运用古法技术，不含防腐剂、添加剂，既美味又健康，老少皆宜。说不完的乡村美食，道不尽的手工制品，都体现了小堤村的历史和村民的勤劳智慧。俗话说：村里有老是块宝，有位民间根雕艺术家王金贵，除了根雕，他还精通烙铁画、砖雕艺术，并将其教授给其他村民使其得以发扬与传承。土壤改良后的绿色原种蔬菜丰富了邯郸市民的"菜篮子"，使小堤村成为DIY菜地示范村。

村民的收入也大大提高，2014年人均收入3200元，2015年人均收入3500元。美丽乡村建成后，村民收入还将大幅度提高，部分村民年收入可达10万元。

梁嫂发糕

特色枣花糕

八大碗

93

乡村营造

把农村建设得更像农村

女红制作

大染坊与女红产品

4 乡村生活

4.1 乡村景观与农业

小堤村位于地势开阔的漳河故道，土地肥沃，粮菜皆宜，渠路阡陌，物产丰富，五果齐全。农业种植品种有小麦、玉米和枣等经果林。

村主导产业是林果种植业。因古漳河千年以来不断泛滥并改道，小堤村周边原来河沙堆积，没有遮挡物，狂风来时，沙尘弥漫，其他果木相继衰老、退化，而沙窝地里的枣树却枝繁叶茂，天长日久，在村子四周形成大片枣林，绿树环绕，生态环境逐渐改善。《邯郸县志》（1993 年 12 月版）记载，1965 年，村边尚存 2000 余棵，占地约 7 公顷，如今只在村南、村北、村西保留三片古枣林，连同村民院中的枣树共有 566 棵。据估计，每年古枣林产枣达 5 万千克，为村民带来 100 多万元的稳定收入。

传统村落是人类的精神家园和情感寄托，是百年繁衍生息留下的宝贵遗产，其蕴含农耕文明的精粹，拥有丰富的自然生态景观资源，以及重要的历史文化价值。

小堤村，没有江南水乡的灵秀，也没有山峦起伏的壮美，冀南大地，沃野平畴，虽千村一面，但在众多村庄中，洋溢着浓郁的古枣之风。

作家笔下的"小堤村"

枣 树

在中国北方，枣树可能是春天里最后一种醒来的植物。惊蛰清明，谷雨小满，当春天的锣鼓铿铿锵锵地敲响的时候，当敏感的花姑娘们争先恐后地粉黛登场的时候，它却像一个懒散的老农，穿着皂黑的粗布棉袄，仍然蹲在阳光下打盹儿。直到芒种过后，它才睁开惺忪的眼。一旦醒来，便厚积薄发，排山倒海。

站在村头，远远地望去，黄灿灿，雾腾腾，氤氤氲氲，宛若一片燃烧的火焰。走进小村，到处是奇形怪状的老树，树身粗皴焦黑，却又新枝繁茂，葳葳蕤蕤。每一个枝条上，挂满了清新嫩绿的新叶，在春光中，羞羞的，颤颤的，明眸皓齿，流盼娇喘。最是叶柄上结满的米粒大小的细碎黄花，像一张张笑脸，像一只只嫩手，像一个个嘴巴，在风中摇曳着，微笑着，唱歌着，嗡嗡嗡，嘤嘤嘤。那是大地的呢喃，那是乡村的耳语，那是春天的梦呓……

一片片枣花凋谢了，在空中飘舞，像漫天金屑，落在地上，聚在墙角，栖在低凹处，像厚厚的积雪，静静地喘息。仿佛整个大地都在喘息，呼吸着它的馨香，它的芬芳。于是，整个小村，整个暮春，都香起来了，都变成了枣花的臣民。

微风袭来，我的头上、身上、头发上、眼睫毛上，落满了斑斑点点的金黄。闭上眼睛，沐浴着枣花的香熏，那种醇厚和温热，像乡音，像童年，像初恋……

细细品味，这种暖香，不似牡丹的豪华、月季的清雅，而是一种发自土壤深处的味道，有一种说不出的亲切。那是一种回到老家和老宅的感觉，一种灵魂深处的温适和踏实。

枣树与国人的深厚情缘，更在于它的实用性。枣树生命力顽强，抗旱涝，耐苦瘠。即使在灾荒年，庄稼绝收，它也能如常结果，从青枣开始，便可供人食用，续人饥肠。所以民间视枣树为"铁杆庄稼"和"木本粮食"。而它的枝干，更是钢筋铁骨。枣木实硬，可做切菜板、擀面杖、蒜臼、棒槌、木梳、筷子等，可以全方位地陪伴人们的生活。

的确，在漫长的岁月中，枣树是北方每个村庄，每个家庭里最常见的主人。虽然长相丑陋，粗粗笨笨，却憨厚诚实，像一个木讷无言的庄稼汉。毋宁说，它是每个村庄的城隍庙，每个家庭的守护神。

六月中旬，枣花落尽，根蒂部便会长出青胎。风来了，雨来了，每一场风雨，都会有楚楚青果落下来，直让人惋惜呢。不过，勿要担心，枣树多子，尽管落下一层又一层，百分之九十九流产，但剩下的还是稠密。

夏天里，毒毒的日头下，这些小精灵们光着头，裸着身，顶着阳光，进行着最剧烈、最彻底的光合作用，把阳光、水、土壤中的矿质元素和自家祖传的独特配方，发酵、发酵，酿成甜蜜的液汁。而同时，身体也在日日夜夜地膨胀着，今天像绿豆，明天像豌豆，后天便是枸杞大小了。看着枣树下垂着一根根果实累累的枝条，像一个个笨重的孕妇，你会禁不住地心疼她，为她喊累。这会儿的你，再也不会埋怨她的懒惰了。

夜夜秋风起，涂黄又涂红，枣儿们成熟了，沉默了，定格为一枚枚赤红的椭圆，恰似一张张村民的脸庞，像父亲的焦虑，像母亲的欣慰，像新娘的羞涩，像童子的笑靥，像醉汉的狂癫……

八月十五枣落竿。这些日子里，家家像过节，大人小孩子们挥舞着长长的竹竿，在树上扑打。枣子们"劈里啪啦"地落下来，像乒乓球，在地上来回蹦跳着。间或砸到头顶上，溅起一声声惊叫，一阵阵嬉笑。那是乡村的狂欢，那是民间的喜庆。

枣子打下来，摊在房顶，晾晒，紫红紫红。用塑料袋密封，可以放到明年，可以做馍，可以酿酒，可以熬粥，可以款待客人。

冬天里，枣树又恢复虬枝铁干，粗皴焦黑，在冰雪中酣然睡去。村民便坐在枣木小凳上，品着醇厚的枣酒，嚼着香甜的枣馍，喝着蜜稠的枣粥，枣红的脸上，游牧着枣红的微笑。

小村200多户人家，就这样生活在枣园里，过着古色古香的生活。

——节选自李春雷《枣花吹满头》

枣　林

在那个生机勃勃的暮春季节，小堤村触动我的不是旷野一望无际的旺盛麦苗，也不是片片争奇斗艳的各色花草树木，而是在这个万木葱茏的季节里，依然保持着沉默的一片片古枣林。它们一个个参天耸立，虬枝皴皮，敦厚壮实，遮天蔽日，如军阵，似波涛，威武雄壮地把个古老小村包裹得严严实实，像极了冀南广袤大地上的朴实农人，一身粗布褐衣，一脸憨厚木讷，却敦敦实实矗立于天地之间，守护着这片皇天后土，为一代代子孙遮风挡雨，提供着不竭的甘美给养，才有了今日五月的明媚春光与万物的勃勃生机。

——节选自李延军《由枣及人：小堤大格局》

枣 花

"枣花簌簌落缤纷，香韵悠悠醉晚春。梦里已逢秋令至，且尝甜脆正生津。"

时值夏初，正是枣花飘香的时节。刚刚踏进漳河古道的热土，小村外的一大片古老的枣树林便映入眼帘。漫步在古枣林里，静静地聆听枣花绽放的声音。那声音，似情人的蜜语，柔柔的、悄悄的、透着香甜。一阵春风吹来，一片金灿灿的花海，波涛涌动。又宛若金色的云霞萦绕着密密的丛林。那细碎的小花花主宰着整个枣园、整个小堤、整个大地。在春光里微笑着，在春风里摇曳着，在绿叶下时而闪出笑脸，时而羞答答地半遮着笑靥，"嗡嗡嘤嘤"的小蜜蜂也正在赶趟儿，争着抢走最好的花蕊，回家酿造人间第一蜜。那声音，是恋人的私语，温柔呢喃、轻盈甜蜜。

春风吹拂，花期将尽时，树下就像洒满了细碎金屑，这时候，到处是随风织就的一片片绒绒的金黄地毯。整个村庄，都弥漫在枣花的馨香里。

——节选自常忠魁《枣花虽小结实多》

村 景

三十年不见，她出落的气定神闲、从容优雅。原来那条窄窄乡间小道已铺成石板路，依旧弯弯曲曲地延伸进村庄，村边几幢房子，黄墙青瓦高低错落，精致的拱券门，镂空的女儿墙，百米如画的木廊，处处彰显她的大气端庄。道路两旁的木桩、石磨、方圆不一的石头，成了她的首饰，她因此更加秀美俊俏。这正是梦想中的乡村美景。如果这些美景是她的外衣，那么文化便是她的灵魂。村里和枣有关的成语、故事、传说，平汉战役指挥部旧址，铸铁博物馆，扎染布、织布机都在默默记录着光阴的故事。更让我留恋的是那些久违的味道，走进村子，树木遮阴蔽日，槐花芳香四溢，闭上眼睛，深深地吸几口这久违的芳香，一种亲切感油然而生，仿佛又回到童年，还有梁嫂发糕、古老的爆米花、黑糖麻花，这些留存在记忆中但很久不曾碰触的味道，如今在小堤的帮助下，纷纷地呈现在眼前。

——节选自李新萍《留住我们的根》

成熟的红枣

农业景观

枣文化长廊农业景观

4.2 生活污水处理

根据村庄的现有条件，应采用适当的方式，收集并处理农村生活污水。选择工艺时，应确保技术成熟、效果稳定，基建投资和运行费用低，运行管理方便、运转灵活，技术及设备先进、安全可靠。处理方案要因地制宜，切忌照本宣科，造成投资和使用上的浪费。人口密集、污水排放量大的村庄，采用集中化的处理方式；城市、县城和乡镇近郊的村庄，生活污水就近纳入城市、县城和乡镇污水收集管网统一处理；居住分散、人口规模较小、地形条件复杂、污水不易集中收集的村庄，运用庭院式小型湿地、污水净化池、太阳能微动力和小型净化槽等分散式污水处理技术。

生活污水处理图示 1

基于未来发展旅游业的考虑，可以适度超前设计。根据环保部《农村生活污水处理项目建设与投资指南》（2013 年 11 月颁布），小堤村生活污水处理根据粪便污水和其他生活污水管道采取分流制，即对粪便污水和其他生活污水进行分流、区别处理，其中包括两个阶段。

生活污水处理图示 2

第一阶段，由原邯郸环保局于 2015 年设计、开发、施工，打造一个 30 套家庭人工湿地系统。当时，环保工程师运用中国农业大学的科研成果，开发了一套适合小堤村的家庭组合式人工湿地生活污水处理系统。该处理系统是一种以基质、植物及微生物协同物理、化学和生物作用进行生活污水处理的新型生态系统。

系统构造由 4 个单元构成：介质层预处理、沉淀池处理（厌氧池）、一体化人工湿地、蓄水池。

工艺流程分为 5 个步骤：生活污水→介质处理→厌氧沉淀→一体化人工湿地→达标出水。

系统生活污水处理基本原理：农村生活污水的主要污染因子有氮、总磷、有机物和悬浮物等，污水通过系统介质初级过滤和沉淀池初步厌氧分解后，悬浮物大大降低，污水中大部分有机物经厌氧发酵，达到净化目的，同时难降解的大分子有机物被湿地床微生物水解成易于降解的简单有机物，有机物质体积、质量大幅降低，但单纯过滤和沉淀作用较难达到污水排放标准，经过地下垂直流湿地床的净化作用，依靠粒状过滤体的机械截留作用，同时借助于沙粒表面生物膜的接触絮凝、生物氧化作用，高效地去除水中有机物。人工湿地对磷的去除主要取决于植物吸收、基质的吸附过滤和微生物转化三者的共同作用；脱氮主要靠湿地微生物的硝化与反硝化作用，其次是植物的吸收和填充基质的吸附。在湿地床上铺设 0.5 米厚的木屑作为保温层，确保该系统在冬季温度零下 15 摄氏度时仍能维持 7 摄氏度以上，实现系统的稳定运行并取得较好的处理效果。经过上述系统的综合处理，系统出水满足国家排放二级标准，同时还能美化环境。

该系统的优点是投资少、建设运营成本低、净化效果好、去除氮磷能力强、工艺简单、不占用过多的土地等，非常适合北方农村的分散式污水处理。

作为良好的湿地净化水质植物，黄菖蒲等适应北方的冬季，能够安全过冬，同时作为村庄绿化景观，也功不可没。至今，村民们仍在精心打理自家门前的水生植物。

该人工湿地运行费用一般为每吨水 0.15 ~ 0.5 元，主要包括材料费、人工费和设备费等。

第二阶段，由政府招投标实施生活污水管网系统。该系统为生活污水集中处理项目，处理规模为 5 吨，管网总长度为 5000 米，污水处理分为预处理系统、生化处理系统、出水排放系统、辅助配套系统等。

针对预处理系统，建造 1 个格栅间、1 个污水提升泵站、沉砂池、沉淀池、气浮池、调节池等。

生化处理系统是污水处理厂（站）的核心处理单元，小堤村项目运用生物接触氧化型处理工艺，建设内容包括池体、填料、支架及曝气装置、进出水装置、排泥管道等。处理设施安置在村东杜梨园大坑内，处理池总面积 120 平方米，深度 2.5 米。

出水排放系统主要包括处理后出水排放管渠、排放口及辅助设施。处理后的无害中水向南流入村南自然坑内。

4.3 村庄资源分类系统

走进小堤村村民王瑞周的家，干、湿垃圾分类标签贴在墙上，垃圾桶擦得光亮，老王拿出自己印制的《小堤乡村旅游文明公约》给游客们看，他告诉大家，小堤村正在推进垃圾分类，小堤村干净整洁正是得益于此。

习近平总书记在中央财经领导小组第十四次会议上强调，要加快建立分类投放、分类收集、分类运输、分类处理的垃圾处理系统，形成以法治为基础、政府推动、全民参与、城乡统筹、因地制宜的垃圾分类制度，努力提高垃圾分类制度覆盖范围。由此，垃圾分类已在全国范围内推行开来。

目前，小堤村环境卫生纳入邯山区城乡环卫服务体系，村民只需将垃圾收集整理起来，负责全区城乡保洁的环卫公司将垃圾清走，运至邯郸西环垃圾填埋场。众所周知，在众多大城市，垃圾分类举步维艰，而小堤村尝试垃圾分类则尽显进步和文明，无疑是一个创举。它的探索对完善垃圾分类运行制度有着积极的意义。

2016年6月初，小堤村、南街、马堡片区召开资源分类动员会，邯郸县委副书记也出席了动员会。做好以垃圾分类为主的资源分类，宣传动员是让资源分类理念走进每个村民家庭的第一步。在片区资源分类动员会上，全国著名环保志愿者叶榄为村民讲解垃圾分类的意义和操作要领。对于垃圾分类，部分村民在此之前到河南省信阳市郝堂村参观学习时便已通晓。随后，片区以"垃圾分类、爱护环境"大型公益接力活动为标志，拉开资源分类活动的帷幕。接下来，以此为样板，在全县青少年中发起"让生活绿色化"的倡议，发放1000册环保手册。2016年6月4日，由15个县直单位组成的邯郸陆军预备役炮兵旅第二营、青年志愿者协会和小堤村村民参加的世界环境日主题活动"捡拾垃圾、垃圾分类、清洁家园"活动将整个活动推向高潮。难能可贵的是，参加活动的少年儿童占到一半。活动主题是"爱护环境、人人有责，垃圾分类、从我做起"，意在从青少年做起，潜移默化地影响社会公众，使生态环保理念在乡村得以弘扬和传播，循序渐进地改变人们的生活习惯，通过捡拾垃圾活动，让环保理念融入孩子们日常生活的点点滴滴。

2016年12月6日，"绿十字"主任孙晓阳和公益大使叶榄在小堤村会议室，与小堤村和南街村的村干部商讨出台乡规民约的相关事宜。会上大家畅所欲言，谈论最多的是垃圾分类需要快速推进。

在垃圾分类初期，应降低对村民分类意识和专业知识的要求，采用最直观、最简便、最有效的分类方法，尽量减少村民对垃圾类别产生困惑。"能卖拿去卖，有害单独放。"这一标准是步志刚镇长告诉村民的要领。

随后，他安排大学生村干部张志炯和村委委员王陈林配合叶榄老师入户张贴垃圾分类标识，同时，400个标有干、湿垃圾标识的垃圾桶下发到群众家里。他们三人用三轮车载着塑料桶，挨家挨户地张贴，并送上两个装垃圾的塑料桶。

垃圾分类处理垃圾桶

为了让扔垃圾变得更简单，小堤村实行"干湿垃圾"分离模式，标着"湿"的塑料材质垃圾桶专收厨余垃圾，也包括农作物的梗、叶等；标着"干"的垃圾桶专收其他类垃圾。由于厨余垃圾的含水率大大高于家庭其他垃圾，因此将厨余垃圾从村民垃圾中分离出来的做法被形象地称为"干湿分离"。通过张贴干湿垃圾标识这种清晰明了、简单易行的方式，村民们对垃圾分类形成了更详细的认知。

厨余垃圾包括剩菜饭、人不想吃或者不可吃的动植物部位。在垃圾运输中容易产生臭味，填满后会产生渗漏液，污染地下水，且不宜焚烧。在我国居民的生活垃圾中，厨余垃圾占比较大，含水率高，易腐烂发臭，以前厨余垃圾可以喂动物，但现在动物吃饲料，尤其是宠物，因此人们要付出更多的代价处理这些"垃圾"。这是垃圾分类的一个重点。在小堤村，人们已摸索出不少减少湿垃圾的巧方法。

吃多少做多少，晚餐少吃，少吃比较健康。

能吃的都吃掉（珍惜食物），比如，南瓜皮和籽、冬瓜皮和籽（事实证明，不去皮和籽，烹饪起来会更香）、芹菜叶子（包饺子，很美味）、土豆和萝卜不削皮，菜花梗切成薄片也可以一起烹饪。

能晾干的食物部位（比如，蛋壳、辣椒籽、玉米棒子、橘子皮）放在窗外晒干后，做农家堆肥。

在小堤村，人们历来有分出有机垃圾、积肥还田、就地转化利用的生活习惯。通过干湿分离，将厨余垃圾从生活垃圾中分离出来，进行农家堆肥，实现源头减量、资源再利用。

无论推行何种分类方式，或者尚未推行分类，小堤村村民制订了一个"小目标"：将剩菜剩饭等厨余垃圾投放到垃圾桶之前，尽可能将水沥干，越干越好。垃圾含水率降低了，重量自然就减少了，品质也提升了，后续处理过程的资源能源回收效率和二次污染控制水平自然也随之提高。这是村民可以轻松做到的，虽是举手之劳，但对于垃圾减量和提质则意义重大。

除此之外，村民的智慧和习惯也有助于培养良好的生活垃圾分类风气。

总之，能回收卖钱的归一类。比如，将废纸放进一个大箱，包括报纸、宣传单、衣服吊牌、盒装牛奶的包装（先用废水洗一遍后再晾干）等，定期卖给回收废品的商贩。

将塑料瓶子（包括油壶、油瓶、调料瓶、饮用水、饮料瓶、洗发水、化妆品瓶等）装入袋中，定期卖掉。

其他塑料（主要是一些包装，比如，买饺子皮时用来盛放的塑料袋，其他食品的包装）都放入袋中，定期送给物资回收站的人。这类塑料卖不了多少钱，送给回收废品的商贩，可鼓励他们回收垃圾。

玻璃制品（酒瓶、调料瓶等）也整理好，回收卖掉。

电池不可随意丢弃，收集好，有合适的机会再处理。

经过近一年的实践，小堤村的资源分类取得了一定的成效。村民农家肥用得很多，今年丰收的枣儿，就是施用农家肥最好的回报。

5 手 记

5.1 设计小记

5.1.1 小堤村建设的回顾与展望

经过 9 个月的建设，"农道天下"团队设计方案基本在小堤村落地，距离"2016 年中国十大最美乡村"颁奖典礼只有 1 周时间，总设计师在小堤村会议室分享了小堤村规划设计的心得体会。

小堤村的规划设计，定位要正确，方向要明确，路径要准确，这是"灵魂"，如果方向错了，再努力也没有用。小堤村地处平原，除了小片古枣林，基本没有资源、故事可讲。民居千篇一律，高院墙、高门楼、瓷砖房，毫无美感，外加人口稠密。规划设计应力求恢复村庄的活力，即以孙君老师提出的以"让鸟回来，让年轻人回来，让民俗回来"作为衡量村庄焕然一新的标准。小堤村所在的邯山区，地处市郊，"空心村"现象并不严重，但年轻人普遍不在村里，与脏、乱、差的农村老家相比，他们向往机会多、生活条件好、子女教育条件好的城市。因此，年轻人只有春节时才回来串串门、拜拜年。

乡村复兴要聚集人气，总纲定了，途径是怎样的呢？

围绕村民致富增收、游客感受乡愁的思路，设计师提出进行民居外观风貌和内在功能的改造，基于此，不断贬值的房屋才能成为经营的资本，吸引游客前来观光，增强村民经营、致富的信心。民居的风貌方案从冀南传统的民居设计样式中汲取精华，仔细推敲每个细节。为此，设计师连夜开了多次讨论会，基本确定了总体设计风格和方案。

从村里推荐的适合改造的民居开始入手，重点设计"古枣园"农家乐、枣园文化长廊、王明春宅院、铸造厂、戏楼等。镇干部、村干部做通"示范户"的工作，设计和落实的效果直接关系到全局成败。事后证明，这一批高品质的建筑，经得起时间的考验，能够应对游客挑剔的眼光，现已成为村里旅游观光的亮点。

驻场工程师主要在场内现场指导，手把手、面对面地告诉施工队怎么做，经过一番磨合和熟悉，工人们与工程师积极交流，提出了许多建设性的意见。

铸造厂的改造特别值得一提。铸造厂的建筑面积为 1200 平方米，原建筑为一层红砖车间，里面摆放一些铸铁的磨具、零件和铸造雕塑。设计师建议改造成两层建筑，上层做培训教室，下层做展销，以便充分发挥铸造厂的功能。镇、村领导表示同意，但主张保持原貌，毕竟这里是邯郸最早的铸造发源地之一，如果大改建筑风格，便会丢失小堤村铸造的"魂"。于是，设计团队研究决定，在一层内设钢构的前提下，原来的清水墙接第二层。

通俗地讲，清水墙是砖墙外墙面砌成后，只需勾缝即成为成品，无需外墙面装饰，对砌砖质量要求高，灰浆饱满，砖缝规范美观。相较于混水墙，外观质量要高很多。随后，问题又来了，一层红砖颜色很老旧，二层没有那么多旧红砖，即使找得到，颜色也斑驳混杂，不美观，而且当地工匠很少会砌清水墙。

设计团队制订了详细的施工计划，并找好了能工巧匠。工程如期开工，但万万没想到又遇到新问题。一是 2016 年 7 月 19 日，邯郸遭遇几十年不遇的洪灾。瓢泼大雨使工期一再延迟，无法保证 8 月底交工。二是红砖搭配施工，根据图纸的要求，一层部分红砖需拆除，然后在内置钢构的框架下垒二层。已经拆掉的红砖应放回原处，接茬的红砖颜色要一致，这可是要拿出"绣花针"的功夫。拆掉的砖胡乱堆在一起，怎么再砌上去？施工队和镇、村干部面对这些从未遇到过的问题一筹莫展。副镇长想了想说："咱们采用最笨的办法，拆掉的旧砖用粉笔标上数字，按照方位整齐码好，这样旧砖就能复位了。"果然，这个方法很有效。

下一个难题是找新砖。设计师带着旧砖，走遍邯郸东区的烧砖厂，结果令人沮丧，不是颜色反差大，就是质量不过关。几经辗转，最后在山东聊城找到了合适的新砖。就这样，不知克服了多少难关，最后终于在 11 月底完成主体建筑。孙君老师到达现场后，抚摸着外墙，激动地说："这铸造厂可以与清华大学图书馆媲美了，人家是整体建的，咱可是接上去的呀！"

铸造厂施工细部

铸造厂主钢结构

小堤村现已完工的 30 处建筑包括游客服务中心、停车场、村标、邯临快速路村标等，典雅而又内蕴乡土气息的民居和公共建筑散布村庄，"外修颜值、内修气质"基本成功了一半。游客走进小堤村院落，看到矮墙、灰砖、黑瓦、木窗、花檐建筑细节，以及貌似残缺但实为精心设计的村标、房屋等，仿佛置身于记忆中那熟悉的乡村场景，令人倍感亲切。

古枣园书吧

古枣园一角

铸造厂休息平台

　　复兴小堤村是一个系统工程，设计师负责提供科学可行的方案。借用大家熟悉的"多边形"来打个比方。小堤村以前是一个"正六边形"，村民自给自足，小农经济在慢生活中前行。现在，原有的平衡被打破，"正六边形"开始变得有长有短，一度变成"饼状图"，有些功能完全消失。然而，经过设计团队的"把脉"，在邯山区委、区政府的支持下，系统修复后，小堤村逐渐恢复元气，正在由各边都很短且参差不齐的形状接近一个正多边形，而且，面积正在迅速增长……当地美丽乡村办公室提供的数据显示，小堤村集体资产已经从2015年初的几十万元上升至现在的三千多万元，截至2017年10月，游客数量达到30万人次。

杜梨园戏台

　　小堤村规划周期是两年，我们期待更精彩的后续……

5.1.2　设计访谈

您第一次去小堤村是什么心情?

郑宇昌:邯郸市邯山区河沙镇,旅游资源匮乏,没有山、没有水,村民想打造美丽乡村,便在外围部分做了一些常规意义的改动。邯郸市规划院之前进行过一些规划设计,当时的设计师普遍觉得这个项目难度较大,要求高,缺乏资源,唯一的亮点是有 500 多棵枣树,此外,这里的县领导包括村干部、镇干部对这个项目很重视。

当时为什么邀请您去做这个项目呢?

郑宇昌:领导们了解到孙君老师之前做的河南省信阳市郝堂村项目,也看了"农道天下"设计团队的其他项目,邯郸全县在学习美丽乡村,了解到我们在乡村建设中经验丰富,且做成了一些比较有影响力的项目,所以找到我们。

您在这个项目之前已经与孙君老师进行合作了?

郑宇昌:是的。2013 年,我与孙君老师合作了河南省十堰市郧阳区樱桃沟村的项目,这个项目极具挑战性。由此,孙君老师发现我们团队的设计功底比较扎实,经过之前的多次磨合,决定让我们打造"小堤村项目"。之前,我们做了很多大型综合项目,例如,湖北省宜城市小河村、河北省阜平县城南庄镇,在设计中探索"如何打造乡村公园"。孙君老师最看重我们对于整个系统的把控能力。

您作为南方人,对河北省的实际情况有很深的了解吗?

郑宇昌:我有一段特殊的经历。2000 年,我大学毕业后,在北京工作三年,去过新疆,后来又去了上海。因此,北方的大气和南方的精细,我都感受过。在该项目的实施过程中,我们亲自对邯郸周边的乡土文化进行调研,做了很多细致的工作,并系统地梳理了村落系统。邯郸市的乡土文化底蕴深厚,于是我们从乡土民俗文化入手。

小堤村规模不大,而且村集体收入很低、基础薄弱,您在整个项目规划设计时是如何考虑的?

郑宇昌:尽管领导们很有热情,但村支书将近 70 岁,村干部的年龄也比较高。上级领导从两委班子的平衡架构着手,扶植村支两委,外聘在县旅游局工作的王岩岭担任支书,调任镇领导贺敏挂帅推动此项目。镇书记汲振林、镇长步志刚亲自主抓，区领导冯晓梅亲自督办，县乡发展不平衡，乡村教育、医疗卫生落后，居住环境破败，生态破坏严重，整个系统需重新修复。我们从饮食示范先行，村口的"绿里飘香"饭店是最先建造的。当时，我们大量收集县里拆迁留下来的废弃砖、水泥块，通过这些废弃材料来建设乡村。在软件建设方面，带动老百姓参与建设，对村民进行真善美及信仰教育。同时，小堤村的建设周期比较短，只有 8 个月，真正的施工期只有 9 个多月。地下管道、基础设施等大约花费五六百万元，整个项目大约花费 1000 万元。

按照总体规划，小堤村项目进展怎样，完成情况如何？

郑宇昌：完成不到三分之一。村庄本身有一套完整的系统，从进村的入口风貌开始到外围边界，连廊、枣林、菜地，村落内部的街道梳理，通过每个特色民俗空间，从文化、生态、非遗等示范点入手，采用"串珠式"的手法，由点到线，最后到面，打造村庄的各个聚落空间。

村民提到，因为行政区划的变化，后续资金支持还不确定。从规划设计和项目整体推进的角度，有什么影响？

郑宇昌：我们用 9 个月的时间进行风貌硬件和培训软件的建设，激活旅游资源，提升村民意识。村庄的规划设计就像养育孩子，让其健康成长、自我完善。健康规划的村庄将在政府扶持和村民的积极参与下持续发展。"扶上马，送一程"，作为设计师，我们实现了初衷。村庄的最终发展，还需依靠村支两委、老百姓的共同努力。

小堤村旅游业从 2017 年春节出现"爆发式"增长，但评价不一。从规划设计角度，您觉得合理还是不合理？或者说有机会重新来过，您还会做什么？

郑宇昌：村庄规划设计的目标是让老百姓活着更有尊严，找回之前美丽的自然环境，而不仅是发展旅游业，或满足游客的诉求。如果参照市场趋势或旅游收益，从商业角度或二次创业的角度看，村庄需要自我发展。设计师只是乡村建设的协助者，村集体的领导、村干部和村民素质的提高等才是村庄发展的重要因素。

如果重新再来，村庄建设的速度不会这么快，我们会更多地听取村民的意见。村庄建设不一定将房子建设得多么漂亮，而应侧重于房子主人的心灵建设、对村庄信仰的认同，关注每个家庭的内在，在温情、温度方面下功夫。要想发展村庄旅游业，应当挖掘其内在价值，保持本真，比如，做好农副产品，形成品牌效应。这需要政府的"二次刺激",制定一系列的优惠政策,让村庄重焕活力。在浙江,很多乡镇企业深得"政府优惠",所以村庄发展得非常快。政府出台民宿评定标准,配有一系列资金援助。因此,村庄建设是多方协作的结果。

从新修的柏油路走进来,发现路边有个村子完全没有修缮。您对小堤村及周边(未形成片区、规模)后续发展有什么思考或建议?

郑宇昌:这个项目的基础比较好,设计师做了一些土地处理,为未来的土地投资奠定了基础,处理内容包括小堤村申请约14公顷的土地指标,并且对沿路周边的水坑、集散中心、学校进行了规划。未来,计划联系一些投资集团,启动"千企千镇"项目,继续打造南街,形成一个乡镇综合体。

关于"引入社会资本",孙君老师曾说,除了三瓜公社做得比较成功,其余项目因各种各样的问题未能推进,您怎么看待这个问题?

郑宇昌:"引入社会资本"是一种短期行为,社会资金主要目的是追求利润,当然这是企业的经营目标。乡村建设更加需要长期、持续的投入,短期是不营利的,这两者之间有矛盾。很多城市"千城一面",标准化、模式化、不堪重负。国家提出"乡村振兴计划",把农民利益放在第一位,让村民安居乐业。乡村建设的首要目标是提高老百姓的生活品质。其次,回归最普通的思维方式,乡村是一个环境优美、老百姓安居乐业的居住环境。

您目前正在进行什么乡村建设项目?您之前有哪些经历?现在的团队有多少人?营利情况如何?

郑宇昌:我现在尝试"田园综合体"和PPP项目。这要求老百姓、企业、村集体、乡村协作者、政府各自找到自己的定位。

我在从事乡村建设之前,与美国、英国、加拿大的公司合作,从事大型规划景观建筑项目,接触了很多西方理念,聚焦于工业文明和房地产环境。在和孙君老师一起做项目后,我马上意识到,只有"回归"才能将中华文化的根扎下去。目前,乡村建设项目的占比也从最开始的一半提高到90%。

现在的团队有四五十人,规模不算大,致力于系统化的乡村建设。

之前的商业项目比较简单,孙君老师说过,出名的乡村建设项目基本上不挣钱。现在做这些,主要是因为喜欢,可以从中学到很多,提升很快,在为人处世方面也大有进步。乡村建设比较"全方位",比如,作品呈现、团队成长等。说到底，乡村建设是"熬"，每个团队都是"熬"过来的，不断地自我超越、自我完善。

5.1.3 如何组建乡村建设这部"剧"的剧组人员？

乡村建设好像谈一场恋爱，最终花落果熟，成就一段美好佳话。无数个"家庭"寄托衣钵，落叶归根。

乡村建设并非某一方或几方（比如，政府、村支两委、设计方、企业、投资人、农民、施工方等）靠满腔热血就能持续下去，想要实现美好的蓝图，应当发挥团队合作精神，并各自发力。

一个村庄想要在新时代实现由内往外的蜕变，应完成两个层面的建设——硬件和软件。硬件泛指一切服务于软件的外观环境及条件，即建筑、景观、市政设施等。软件泛指一切为硬件提供输出并创造价值的内在，即集体经济的建立、核心技术的研究、村庄的管理运营、品牌的推广、产业的植入、网络电商平台的搭建、传统农耕文化（孝道、祠堂、庙宇等）的恢复、垃圾分类、村民内心观念与自信的提升等。它们是两个庞大而相互交错的系统，而完整的乡村建设中"参与者"与"执行者"并没有设定明确的标准，界定它们所扮演的角色。

一切参与乡村建设的人既是"参与者"，也是"执行者"，在乡村建设这个舞台上各擅所长，倾情演绎。分析每个个体或集体，便会发现其中的关联。好像一部"剧"，由一个团队支撑起来，团队里有不同的人员各自履行职责。

1）参与者之一 ——"政府"是制片人、出品人

出品人：负责影片前期的市场调查，确定类似影片的市场是否有前景（比如，票房情况、受欢迎程度、续集的可能性等），决定该影片是否值得出品。如果答案是肯定的，便找到所属的电影集团投资制片人及相关人员，导演、剧本、演员、赞助商等。

制片人：任务基本上与出品人差不多，负责整个影片的"催化"工作，督促完片，保证质量，同时是拍摄影片过程中的"管理员"，监督整个影片的制作过程，确保成员们不浪费投资商的钱等，与工程监理的角色相似。

乡村建设一般以"政府"为主持方发起，政府是补贴政策的制定者、前期启动资金的筹集方。政府邀请"设计单位"，进行规划设计。此外，政府还会提供政策扶持，为了确保项目落地，也会出谋划策，提出设计要求和标准，决

定这部"乡村大戏"的题材和受众人群。

2）参与者之二——"村支两委"是导演、剪辑师

村支两委是村庄的主家，在村庄建设过程中是核心"主导者"。"村支两委"了解村民的"心声"，能够协调地方，确保项目落地。"政府"交权给"村支两委"，调动村干部的积极性，增强其在群众中的威信。

村主任由村民选举，是村庄里最具威望的人。然而，很多时候他们的专业技术水平有限，需要接受培训，以提高认知和实战操作能力。自然而然，他们成为项目实施的"先行者"，知道这场戏要演到什么程度，表达什么核心思想。当好"导演"，并非易事，压力大、任务重。此外，这部剧，最终呈现在观众面前，整体效果自然流畅，也少不得"剪辑师"的一把妙剪。因此，村主任身兼导演和剪辑师，责任重大。

3）参与者之三——"村民"是"角"，是演员

村民是乡村人员构成中最朴实的基层群体，是土地真正的"主人"。村民是村庄建设最直接的受益者，如果建设失败便是最直接的受害者。他们没有最终发语权和决策权，从一开始到最后，都是执行者。没有村民参与的乡村建设，不叫乡村建设。连"主演"都不参与的建设，连"角儿"都没有的剧，肯定不是一部好剧。缺少村民的"执行"与"支持"，项目无法落地。村民是群众，但不是群众演员，而是戏里的男女主角，是生动的人物形象。我们希望这部剧造就一个"角儿"，也希望这个"角儿"演出整部剧的"魂"。

4）参与者之四——"设计单位"是顾问、监制和布景师

设计单位扮演多重角色，但最重要的身份是村庄建设的"顾问"和"监制"，或称"村主任助理"。影片监制主要负责维护剧本原貌，给导演提意见。顾问作为权威人士，提供必要的指导和帮助。设计单位在设计思路上出谋划策，提供技术支持和指导，协调政府、村支两委、企业与施工单位的关系。同时，针对背景布局，设计师也负责场景设计，即作为"布景师"，参与建筑、环境、室内布局，为了表现"精彩一隅"而挖空心思。

5）参与者之五——"施工单位"是化妆师，负责后期处理

施工单位负责汇总设计方、村民、企业、政府的意见和要求，是乡村建设中硬件落地的执行者、落地效果的操刀者、每栋建筑的"化妆师"。他们的手

头功夫决定建筑、环境、室内"颜值"的高低，以及整个项目的最终样貌。我们需要能够为建筑、为环境、为房间化妆的化妆师，有审美的化妆师。乡村的"妆容"应该初看无痕，但细看却耐人寻味。无需过多的涂脂抹粉，掩饰村庄的朴实。"妆容"最终应是衬托而已，绝不能取代村庄的本真。

6）参与者之六——"企业"是灯光特技人员

企业在村庄建设中多以投资者的身份出现，他们有技术、有经验，但并非这片土地的"主人"，而是"外来者"。"外来者"要做好事情基于本地人的引导和规划。乡村是农耕文明最朴实的载体。然而，一场朴实大戏需要巧妙地嵌入灯光，这便需要特技人员。他们能够锦上添花，带来意想不到的惊喜。

所有参与者应该各尽其责并各显神通，完美地演绎这场大戏！

5.2　媒体报道

有关小堤村的媒体报道分为三个阶段。

第一阶段是针对古枣林的报道。2007年11月《燕赵都市报》《燕赵晚报》和《石家庄日报》均对小堤村古枣林进行了专题报道，题目是《邯郸发现奇特古枣群树龄均在500岁左右》等。报道中，原邯郸市林业部门工作人员在河沙镇小堤村发现连片枣树古树群，树龄在500年左右。该树所产枣果不仅口感极甜，而且枣核无仁，具体属何品种尚待专家鉴定。

第二阶段，河北省委、省政府自2015年开展美丽乡村建设项目，经过干群的一致努力，2016年1月小堤村被河北省美丽乡村建设领导小组评为"2015年河北省美丽乡村"。小堤村因其独有的资源禀赋和优美的田园风光崭露头角，相关报道逐渐多起来。更可喜的是，阐述小堤村传统村落文化的文章也得到人们的认可。2016年8月20日，文化学者王兴在《邯郸日报》星期刊报连续两周发表《漳河故道上的红枣之乡》，著名作家李春雷发表散文《枣花吹满头》，从而使小堤村真正走入大众生活。这期间比较突出的新闻作品有常胜军的《粒粒珍珠串出城乡美丽画卷》（《邯郸日报》2015年6月2日第一版），以及《小堤村的工匠精神》（《邯郸日报》2016年6月24日第二版）等。

第三阶段，2016年底，小堤村荣获"2016年中国十大最美乡村"荣誉称号，相关报道被新华社、中央电视台、《经济日报》《河北日报》等大量刊发。小堤村不但通过田园风情吸引游客，屹立于乡村旅游市场，而且通过激发村民内生发展动力来丰富乡村旅游发展的实践，从而吸引远至黑龙江、安徽、湖南、四川，近至周边的市、区县派人来参观学习。小堤村的美丽乡村建设引发更多的思考。这期间，6月27日中央电视台7套节目播出的《美丽中国乡村行》对小堤村的特有民俗——送面羊和麦收进行了聚焦报道，引起社会瞩目。河北电视台三次在小堤村拍摄专题片，邯郸电视台《绿色邯郸》对小堤村的发展进行跟踪报道。邯山区美丽乡村建设办公室的自有微信平台《邯山乡韵》策划小堤村春节年俗、油菜花开、杜梨树、枣花节、麦收、送面羊、美食汇、植物扎染、摘枣节、晒枣等各个时序和节气的活动，从而使小堤村以其完整的农村民俗、活色生香的美食和人们积极向上的生活状态呈现在人们面前，打破"平原地区美丽乡村没有看头"的断言，使小堤村逐渐成为市郊休闲观光目的地的热门选择。此外，相关文章还有马谦杰撰写的《古枣：小堤村是一座博物馆》（《邯郸日报》刊发专版）等。

5.2.1 小堤村的工匠精神

时间：2016 年 6 月 24 日

来源：《邯郸日报》

曾经，工匠是中国老百姓日常生活须臾不可离的职业，各类手工匠人用他们精湛的技艺为传统生活景图留下了令人赞叹的作品，随着农耕时代的结束，社会进入后工业时代，一些与现代生活不相适应的老手艺人、老工匠逐渐淡出日常生活，但工匠精神仍以"精于工，匠于心，品于行"而为后人乐于称道。

走进邯郸县美丽乡村，八角的竹亭，古韵悠远的民居，让游客们爱上了这些有着古老民俗味道的乡村之景。这些精巧的设计，并非出自大家之手，而多是村里能工巧匠们的杰作。花费不大，就地取材，甚至是废物利用，但制作工艺却是精益求精，让很多专家连连称奇。"艺匠传世，光耀小堤"就是今天我们在邯郸县美丽乡村建设中采访了解到的耐人寻味的现象。最近记者走进了河沙镇小堤村，采访村里参与美丽乡村建设的老工匠——王金贵。这位 74 岁的老人用自己精湛的技艺为小堤村乃至邯郸县打造出了独有的乡村魅力和韵味。

1）老工匠的铁艺情怀

早在 2000 多年前，邯郸作为赵国国都就是全国的冶铁业中心，而小堤村铸铁工艺，则是邯郸最早的铸造业发源地。至今村里中年人都有一手铸铁绝活，或翻砂，或铸模，或打铁。小堤村村民曾为八路军、解放军秘密铸造炸弹、手榴弹的外壳，红缨枪的枪头，大砍刀等，红色革命印记至今在村里可寻；中华人民共和国成立后，村里的铸造厂十分红火，作为华盛公司创始人，该公司一度成为邯郸县最大的集团公司；人民公社时期，依靠铸铁业，小堤村集体经济发展壮大；改革开放伊始，小堤村个体铸铁户兴起，吸引了数百邻村人到小堤村打工。村里村民纷纷购置了车床，发展起了铸造加工业，火红的铸造为小堤村带来了火红的收入，20 世纪 80 年代，小堤村就成为邯郸县东南部的首富村。

光阴荏苒，祖祖辈辈传下来的铸铁技艺渐渐淡出人们的生活，而废弃的厂房则华丽转身，成为小堤村美丽乡村建设的一个亮点。2015 年 3 月，建设者们利用村里一片废弃的厂房，开始筹建铸铁工艺园，当年留下来的各种铁艺工具被搬进了工艺园中。为了更加形象地还原村里的铁艺历史，建设者们规划在工艺园建造出当年农家冶炼的仿真模型，展现老铁匠铺子的风采，找回游客的乡愁。

王金贵是村里地地道道的铁匠，对铸造车间里的各种工序都了如指掌，还是个发明创造能手。听到建设者们的想法后，他主动请缨承担起最难的铸铁风箱的制作。王金贵说，古法铸铁中，风箱是第一道工序，铸造铁艺需要上千度的高温，全靠人工拉风箱来达到高温炼制。好的风箱，制作用的木板排列既不能太过紧实，也不能太稀松，这是技术活，靠的就是老工匠的技艺。王金贵熬了几个晚上画出了风箱的图纸，按照一比一的比例，风箱高 140 厘米、宽 90 厘米、长 270 厘米。如此之大的风箱，制作之难让很多人心里犯嘀咕。可老人却说，既然要展现原貌，就要建造得有模有样。

风箱

　　风箱是由一块块木板拼装而成的，那些看似形状相同的木板实际上有着严格的排序，对于每一块木板老人都熟记在心，反复计算。"一块木板排错了，风箱有可能出风不利，制作好了也是废品"，老人常常对工人说。他对于技艺一丝不苟、追求极致的精神，打动了在场的每一位建设者。木板拼装成型后，由于风箱太大，木工活中的找平工序，又成了一道难题。老人别出心裁，提出利用水平面的原理，用透明的长塑胶袋装上水，放在风箱面板上来找平的办法，结果轻而易举地解决了难题。王金贵说，这是老祖宗传下来的，无论现在科技多么发达，祖先的智慧依旧是一个值得挖掘的大宝藏。就这样在老人精心的指导下，这个庞大的"中国第一大风箱"经过 58 个日夜的忙碌后，终于圆满完工。

　　木制鼓风大风箱坐落于原有的车间内，格外引人注目，参观者们都要在风箱前用力拉上几个回合，体验一下当年铁匠们的艰辛，看到鼓风管道被风撑起，大家不禁感叹制作者的精湛技艺。一旁的王金贵看着，总是笑呵呵地介绍，这个大风箱需要 8 个人拉。当年的铁匠铺子里光拉风箱的就 16 个人，分为两班，风箱是不能停的，所以拉风箱的都是壮小伙儿，拉上一会儿几个人便汗流浃背。老人的讲述让大家眼前似乎浮现出了当年铁匠铺子里的红火景象。岁月悠悠，时光荏苒，铸铁工艺园让后人永远记住小堤村的铸造工艺和历史，大风箱的制作印证了勤劳的小堤人自强不息、严谨专注、追求卓越的工匠精神。

2）精雕细凿的民俗文化

传统的老民居中，老百姓喜欢把喜闻乐见的民间传说故事浓缩成精彩的小画，雕刻于青砖之上，镶嵌于门楣上作为装饰。当地农村老百姓称之为"券"。美丽的门券也寓意着农家的吉祥幸福。这样的雕刻是旧时工匠们的纯手工工艺，王金贵不但精通铁艺，还擅长雕刻，他总在说："趁着我还有精力，就多雕刻几幅门券，美丽乡村建设中很多修旧如旧的老民居中一定用得到，真想收个徒弟，让这精美的艺术不至于失传。"

说话间，王金贵把记者带到了已经雕刻好的一幅门券前。记者看到方寸的青砖之上，一幅幅小画精美绝伦，充满了民俗民趣。"这些小画描述的是八仙过海的故事。"王金贵介绍说，雕刻青砖，首先需要把砖块打磨平整，用毛笔在砖上作画，再用锤子和不同型号的钉子进行雕刻，一块砖要雕刻几天才能完成。

券

"美丽乡村建设，就是要恢复这些老的民俗工艺，作为老工匠，我愿意把自己毕生所学奉献出来，把老祖宗留下来的传统发扬光大"，王金贵动情地说。据邯郸县美丽乡村办介绍，王金贵也是位于邯郸县四留固村民俗馆的梧桐树老树根雕"龟虬献瑞"的主创人员。

3）农民诗人的史诗记录

20 世纪 60 年代，王金贵高中毕业，当时他在村里算是识文断字的"秀才"。农闲的时候，他总爱把身边的人和事儿用几句押韵的诗句记录下来，日久天长，集腋成裘，他汇编成了诗集。"座座楼房相辉映，条条道路宽又平，五河穿插绿水流，农民盛景新村景。"这是王金贵创作的一首歌颂新农村建设的诗。因为小堤村地理位置偏僻，美丽乡村建设使小堤村发生了翻天覆地的变化，旗袍表演、摄影、健步走等文体活动也多了起来，小堤群众都看在了眼里，乐在心里。

这些鲜活的诗句来自王金贵对生活的感悟，是他对党和国家政策的赞美，是他热爱生活、热爱家乡的见证，是反映基层乡村生活变化的第一手资料。今天他的很多诗歌被人们广为流传。凭借执着的追求，2008 年 6 月，王金贵以《今诗源"三农篇"》组诗，被"第八届世界大采风"组委会评为"金奖作家"，是获奖的唯一一位农民。

王金贵写诗已有十几年之久，至今已创作叙事诗 2000 余首，现已全部收集整理成《今诗源》上下册，4 万多字。诗集分为奥运篇、三农篇、科技篇、新风篇、奉献篇、精英（企业）篇等 10 个篇章。他的诗大多为叙事诗，运用小故事，展现时代主题，有血有肉，富有乡村泥土气息。小堤村的千年古枣林，古杜梨树，古枸杞树，美丽花圃小路，乡土气息的围墙篱笆，在王金贵眼中都富有诗情画意的美感，他都要精心地用诗歌记录下来。老人说，若干年以后，这也许将成为历史的记录与见证。

5.2.2 返璞归真草木染，小堤女红有匠人

时间：2017年6月20日

来源：邯山乡韵

撰写：马谦杰

女红（gōng），亦作"女工"，属于中国传统民间艺术的一种，是指女子所做的针线活方面的技艺，包括纺织、编织、缝纫、刺绣、拼布、贴布绣、剪花、浆染等。女红是讲究天时、地利、材美与巧手的一项艺术，女红技巧从过去到现在都是由母女、婆媳世代传袭而来的，因此又称为"母亲的艺术"。

女红设计与人们的日常生活密切相关，唐朝诗人孟郊的《游子吟》："慈母手中线，游子身上衣。临行密密缝，意恐迟迟归。谁言寸草心，报得三春晖"，这首千百年来被人们用来勉励自己知恩图报的绝妙好诗，描述了慈母为儿子缝衣纳衫做女红的画面。

在美丽乡村建设中，为使小堤村家庭妇女在自己家门口有一门就业致富的手工技艺，河沙镇与"绿十字"组织全村妇女到四川绵阳、河南嵩山培训学习女红和手工制作等技艺，并成立小堤女红手工品培训基地和工作室。以草木染为主，小堤村的巧妇从面料的织造到染色工艺，均以手工完成古法制作，体现一种全新的现代生活方式——返璞归真。在这里，游客可以看到采用栀子、槐花、苏木等天然染材的染色工艺，以天然的棉、麻等面料为材料制成的手工制品，布面色彩、花式一品一色，绝无重样，图案新颖别致，式样清新自然，是令人爱不释手的纯手工制品。在女红手工品工作室，游客可以预约为自己 DIY 一款手帕、床单、围巾、窗帘或睡衣等手工制品。这些有温度的手工艺品承载着满满的田园味道。值得一提的是，用来染色的一些植物染材有的采用中草药，使用这些染材扎染制成的手工品，闻起来清香扑鼻，带给人健康和愉悦之感。

附　录

设计团队简介

　　农道天下（北京）城乡规划设计有限公司多年来致力于乡村及新型城镇化建设，纵横于田埂间寻求艺术的本源，追溯原汁原味的乡土气息，挖掘恢复乡村传统文化，提高与发展乡村本土产业，修复完善生态环保系统，改善乡村居住环境，构建适合生产与生活的新型城镇。

　　主要业务包括乡村振兴、新型城镇化建设、美丽乡村规划设计、国内外大型风景旅游度假区规划、建筑设计、景观设计、室内装饰设计等。

　　"农道天下"充分利用各种资源，先后完成"河北省阜平县新房村、向阳庄提升改造，南台、福子裕搬迁整合村改造"，完成全国重点新型城镇化建设试点"湖北省宜城市小河镇城镇化项目"，设计并实施的"河北省邯山区小堤村美丽乡村项目"被评为"2016年中国十大最美乡村"之一。目前正在实施的项目包括湖北柳坡龙韵村、湖北勋西淘宝村、河南新郑裴李岗村等。

　　"农道天下"坚持"资源有机整合"的设计理念，既强调规划、景观、建筑、品牌、产业、运营等众多专业的相互结合、相互协调，也重视挖掘当地文化个性，发展本土特色产业，打造安居乐业的新型城镇，建设最美、最有特色的乡村。

设计师简介

郑宇昌

清华大学美丽乡村公益基金智库专家

清农学堂主讲导师

安徽巢湖三瓜半汤乡学院主讲导师

"农道天下"及北京中艺创景景观规划设计有限公司董事长

世界华人建筑师协会资深会员

曾主持参与多个具有影响力的城镇化、田园综合体、美丽乡村及乡村振兴项目，以及旅游策划、规划、建筑、室内、景观设计项目。具有多年的市场实践经验，建成的项目受到老百姓、政府、开发商的赞赏和认可。作品曾在《世界建筑导报》上登载，并获得"英国景观建筑－绿色环保奖"。

2000 年任美国 EDSA 主创设计师

2005 年任加拿大 JBM（现为 B+H）景观建筑主管

2007 年任英国 Atkins 高级建筑景观规划师

2008 年任中国旅游集团景观规划副总经理

2009 年任在英国与英国皇家建筑师协会、扎哈事务所考察交流学习

完成项目：

海南南山佛教文化景区规划

港中旅珠海海泉湾整体规划

辽宁葫芦岛觉华岛整体规划

上海华侨城欢乐谷整体规划

邯郸市邯山区河沙镇南街村、马堡村、小堤村乡村公园总体规划设计（2016年中国十大最美乡村）

河北保定阜平城南庄片区（南台、福子峪、马兰、新房村等）总设计师

湖北襄阳宜城小河镇总设计师

湖北郧阳樱桃沟樱桃小镇设计

湖北十堰郧阳区全域旅游总设计师

湖北郧西淘宝小镇总设计师

湖北郧西城关镇天河旅游规划总设计师

湖北咸宁高桥白水畈首席设计师

河北邢台隆尧双碑乡山口镇美丽乡村总设计师

河南开封六村一镇乡村振兴项目第一阶段总指挥

河南焦作大虹桥乡安张村乡村振兴项目总设计师

河南新郑市新村镇一镇三村乡村振兴总设计师

河南新郑新村镇裴李岗村示范村总设计师

"绿十字"简介

"绿十字"作为一家民间非营利组织，成立于2003年。十多年来，"绿十字"秉承"把农村建设得更像农村""财力有限，民力无限""乡村，未来中国人的奢侈品"的理念，开展了多种模式的新农村建设。

项目案例：

湖北省谷城县五山镇堰河村生态文明村建设"五山模式"

湖北省枝江市问安镇"五谷源缘绿色问安"乡镇建设项目

湖北省广水市武胜关镇桃源村"世外桃源计划——乡村文化复兴"项目

湖北省十堰市郧阳区樱桃沟村"樱桃沟村旅游发展"项目

河南省信阳市平桥区深化农村改革发展综合试验区郝堂村"郝堂茶人家"项目（郝堂村入选住建部第一批"美丽宜居村庄"第一名）

河南省信阳市新县"英雄梦·新县梦"规划设计公益行项目

四川省"5·12"汶川大地震灾后重建项目

四川省雅安市灾后重建项目雪山村与戴维村

湖南省怀化市会同县高椅乡高椅古村"高椅村的故事"项目（高椅村入选住建部第三批"美丽宜居村庄"）

湖南省汝城县土桥镇金山村"金山莲颐"项目

河北省阜平县"阜平富民，有续扶贫"项目

河北省邯郸县河沙镇镇小堤村"美丽小堤·风情古枣"全面"软件"项目（小堤村项目被评为"2016年中国十大最美乡村"第一名）

"绿十字"在多年的乡村实践过程中，非常重视"软件"建设，包括乡村环境营造（资源分类、处理技术引进、精神环境净化），基层组织建设（党建、村建、家建），绿色生态修复工程（土壤改良、有机农业、水质净化、污水处理），村民能力提升（好农妇培训、女红培训、电商培训、家庭和谐培训），扶贫产业发展（养老互助、产业合作、教育基金，扶贫项目引入），传统文化回归（姓氏、宗祠、民俗、村谱），乡村品牌推广（文创、度假管理），美丽乡村宣传（通信、微信、网站、书刊、论坛、大赛、官媒）等。从 2017 年起，"绿十字"乡村建设开始运营前置和金融导入，进入全面的"软件运营"时代。

致　谢

河北省邯山区河沙镇小堤村美丽乡村建设项目自 2016 年初正式启动；2016 年 12 月，小堤村被评为"2016 年中国十大最美乡村"。该项目仅用一年时间，高效率、高质量的完成，得益于邯山区领导、小堤村村支两委、硬件团队（"农道天下"）、软件团队（"绿十字"）和施工方的日夜奋战。

特别感谢总导师孙君先生、设计团队（成员：孙晓阳、廖星臣、胡静、叶榄、王强、梅子、邹莉莎）以及编辑杨钰萌等对小堤村美丽乡村建设项目起到的重要的指引作用。孙君老师作为总负责人，在建设之初提到"任何村庄的'美丽乡村'建设都是不可复制的"，在项目推进过程中给予诸多建议及指导，对项目整体设计方向进行严格的把控，并且对每个节点进行细致的监管。孙晓阳老师作为软件负责人，对接县镇领导，其凭借开阔的视野及敏锐的思维，为设计师提供源源不断的设计灵感，助力软件平台的迅速搭建。廖星臣老师作为总协调人，对接工商局、民政局等，来到村里给老百姓讲解乡村建设的发展模式和未来前景，帮助村民摆脱传统思想的束缚，动员他们积极参与美丽乡村建设，对项目整体协调起到重要作用。胡静老师致力于开启民智，激励村支两委参与乡村建设，在思想宣传方面起到决定性作用。叶榄老师亲自带领村民及乡镇干部，为村庄的环境保护工作做表率，"树立垃圾分类先锋、建设乡村好厕所、寻找乡村老种子"，倡导生态文明，传承农耕文化，提升乡村品位，营造和谐发展的氛围，扎实推进美丽乡村建设。王强老师对接县内宣传部等文化部门，为项目宣传做了大量铺垫工作，同时梳理村内族谱，提升族内各姓氏族人的凝聚力，推进村内氏族公益事业的发展。梅子老师采访村内老手艺人，了解手工艺的历史渊源，为建设特色小堤村提供重要的历史资料，其中女红培训、民间非遗及手工业等项目起到良好的示范作用。邹莉莎老师亲自指挥乡村室内软装设计，筛选样品，搭建乡宿样板，同时还组织村民参加农妇培训，针对"乡村建设的农民管家"进行了颇具意义的探索。

感谢邯山区区委、区政府对小堤村美丽乡村建设项目的大力支持以及人力、物力的投入，多方面的努力充分展现了当地政府"心系百姓，以民为本"的理念。感谢原邯郸县长潘利军，原邯郸县委副书记冯晓梅，邯山区政协主席田淑平，原邯郸县委常委、区委办主任、农工委书记李之杰，副总指挥兼农工委书记王讪，副书记马谦杰，镇主要负责人汲振林，镇长步志刚等。各位领导在项目建设过程中协调各方力量，确保各项政策落到实处，同步引入"局委办"，这是一次硬件和软件相辅相成的积极尝试。

感谢设计团队从概念提出、方案构思、项目落地的全过程给予的积极配合与全程推进，设计团队陈萱老师参与探讨项目建设的节奏、推进时序，加快了小堤村前期试点的推进工作。设计主创唐冰心作为前期主力在设计师秦洪涛、惠星图、卞庆行、王建东的配合下，参与设计并确保设计进度及方案落实。基础设施部分配合设计师张健及郑宇兴。总工程师张波及时组织施工队，交流施工经验及技术，保证项目施工的质量。现场驻场硬件负责人姜昱以及设计现场主要负责人杨庆祝、李雄对现场施工标准及设计要求起到很好的把控作用。唐建伟老师负责小堤村 VI 设计。

感谢施工方郑世宏及他带领的多次参加乡村建设的老牌施工队。郑宇迪、郑宇兴的乡建施工队也都富有"乡建情怀"，成为小堤村后续建设的全面助力，全体施工工人们本着"工匠精神"坚持到项目建设完成。工人们通过精湛的施工工艺，在很大程度上减少重复劳动，不走弯路，保证施工进度的同时，也确保了设计方案顺利落地。

项目团队从方案构思、规划设计到落地实施，始终秉承"工匠精神"，这是一种情怀、一种执著、一份坚持、一份责任。情怀的设计、匠心的工匠、本地的建材、村民的监理，精湛的技艺，共同成就了一个文化与艺术相交融的乡村。在乡建之路上，我们将不忘初心，磨砺前行。

郑宇昌

图书在版编目（CIP）数据

把农村建设得更像农村. 小堤村 / 郑宇昌，唐冰
心著. -- 南京 : 江苏凤凰科学技术出版社，2019.2
（中国乡村建设系列丛书）
ISBN 978-7-5537-9915-5

Ⅰ. ①把… Ⅱ. ①郑… ②唐… Ⅲ. ①农业建筑－建
筑设计－邯郸县 Ⅳ. ①TU26

中国版本图书馆CIP数据核字(2018)第278590号

把农村建设得更像农村　小堤村

著　　　者	郑宇昌　唐冰心	
项 目 策 划	凤凰空间／周明艳	
责 任 编 辑	刘屹立　赵　研	
特 约 编 辑	王雨晨	

出 版 发 行　江苏凤凰科学技术出版社
出版社地址　南京市湖南路1号A楼，邮编：210009
出版社网址　http：//www.pspress.cn
总 经 销　天津凤凰空间文化传媒有限公司
总经销网址　http：//www.ifengspace.cn
印　　　刷　北京市雅迪彩色印刷有限公司

开　　　本　710 mm×1 000 mm　1 / 16
印　　　张　8.25
版　　　次　2019年2月第1版
印　　　次　2023年3月第2次印刷

标 准 书 号　ISBN 978-7-5537-9915-5
定　　　价　58.00元

图书如有印装质量问题，可随时向销售部调换（电话：022-87893668）。